शिशु एवं बाल रोग चिकित्सा

शिशु एवं बाल रोग चिकित्सा

डॉ. एम.बी.एल. सक्सेना

एम.एससी., पीएच.डी.

डिप्लोमा इन होमियोपैथी (कलकत्ता)

डी.एच.एम.बी. (गोल्ड मेडलिस्ट) आर.एम.पी.

वाणी प्रकाशन

वाणी प्रकाशन
4695, 21-ए, दरियागंज, नयी दिल्ली 110 002
शाखा
अशोक राजपथ, पटना 800 004
फ़ोन: +91 11 23273167 फ़ैक्स: +91 11 23275710
www.vaniprakashan.in
vaniprakashan@gmail.com
SHISHUEVAMBALROGCHIKITSA
by Dr. M. B. L. Saxena
ISBN : 81-8143-082-4
Medical Science

संस्करण 2004
आवृत्ति 2012
मूल्य : ₹ 200

आर. टेक ऑफ़सेट, दिल्ली-110095 में मुद्रित
वाणी प्रकाशन का लोगो मक़बूल फ़िदा हुसेन की कूची से

भूमिका

शिशु और बाल अवस्था में शरीर और बुद्धि का विकास तेजी से होता है क्योंकि उनके शरीर के कोष और तन्तु संख्या और आकार में शीघ्रता से बढ़ते हैं। ऐसी अवस्था में शिशु और बालक को वातावरण भी आसानी से प्रभावित करता है। जबकि बड़े होने पर ऐसा नहीं होता। इन्हीं कारणों से वयस्कों में बीमारी का रूप और उसको प्रभावित करने का तरीका शिशु और बालकों से अलग होता है। जो बीमारी के लक्षणों में भिन्नता ला देता है। जैसे गठिया और वात रोग में बालकों के लक्षण वयस्कों से अलग होते हैं। इसलिए बच्चों की होम्योपेथिक चिकित्सा वयस्कों की चिकित्सा से कठिन और पृथक हैं।

ये ही नहीं शिशु एवं बच्चों की होम्योपेथिक चिकित्सा का आधार गृहीत लक्षणों और अनुभव पर निर्भर रहता है क्योंकि शिशु एवं बच्चे अपनी बीमारी के वर्णित लक्षण (सबजेक्टिव लक्षण) किसी प्रकार से भी प्रकट नहीं कर सकते हैं। उसके बारे में माता-पिता से ही पूछना पड़ता है इसलिए होम्योपेथिक चिकित्सा के लिए गृहीत लक्षणों **(Objective symptoms)** पर ही निर्भर रहना पड़ता है जबकि होम्योपेथिक चिकित्सा वर्णित **(Subjective)** और गृहीत **(Objective)** दोनों लक्षणों पर निर्भर है। इसके साथ चिकित्सक को अपने अनुभव से शिशु एवं बालक के मिजाज, रुचि, हाव-भाव आदि के सम्बन्धों पर विशेष ध्यान देकर चिकित्सा करनी पड़ती है। इन्हीं कारणों से शिशु एवं बाल होम्योपेथिक चिकित्सा का अपना अलग स्थान है।

शिशु के जन्म लेने के पश्चात और दाँत निकलने के समय तक को शैशवावस्था कहते हैं और इसके बाद चार पाँच साल की अवस्था को बालअवस्था कहते हैं। इस समय में शिशु और बालक के शरीर में अनेक प्रकार की बीमारियाँ हो जाती हैं। जो इनका जीवन कष्टमय बना देती हैं। शिशु एवं बालक को रोग मुक्त व हृष्ट-पुष्ट रखने के लिए उपचार करना अति आवश्यक है। बल्कि उनकी बीमारियों का उपचार करने के लिए कोई भी तेज दवाई का प्रयोग नहीं करना चाहिए। आज के समय में यह देखा गया है कि छोटी सी बीमारी को जल्दी ठीक करने के लिए तेज दवाइयों का प्रयोग किया जाता है जो बढ़ते हुए बच्चों के लिए हानिकारक सिद्ध

हो सकता है।

नवजात शिशु को भी अधिकतर दवाई देने की आवश्यकता पड़ जाती हैं जैसे जन्म के 10-12 घंटों तक अगर शिशु मल न त्यागे तो उसे होम्योपेथिक दवाई **नक्स वोमिका-6** की 2-3 छोटी-छोटी गोलियाँ जबान पर लगा देनी चाहिए। अकस्मात अगर शिशु की पेशाब बन्द हो जाए तब **ऐकोनाइट 3x** का प्रयोग करना चाहिए। दुर्बलता के कारण अगर शिशु स्तनपान न कर सके तो **चायना-6** देनी चाहिए। छाती में अगर साँय-साँय हो तो **इपिकाक-6** और खड़-खड़ शब्द हो तो **एण्टिम टार्ट-6** दें।

अगर शिशु का ठीक प्रकार से लालन-पालन किया जाता है तो वह पाँच सात महीने बाद बढ़ने के साथ ऊँचा उठने की कोशिश करता है और इसके साथ दाँत निकलने की प्रक्रिया शुरू हो जाती है। ऐसे समय शिशु को अनेक रोग लग जाते हैं। जिनका इलाज करना आवश्यक हो जाता है। इसके बाद यह धीरे-धीरे सरकना शुरू कर देता है और एक वर्ष की उम्र में चलना सीख लेता है। अगर 15 महीने का हो जाए और चल न सके तो समझना चाहिए की बच्चे को उचित भोजन नहीं मिल रहा है उसकी व्यवस्था करनी चाहिए और साथ में इलाज भी करना चाहिए। दो तीन वर्ष की आयु में वह उछलने कूदने, चीजें फाड़ने व फेंकने लगता है और ऊपर चढ़ने का प्रयास भी करता है। यदि दो वर्ष की उम्र होने पर बच्चा बोलना न सीख सके तो उसका इलाज करना आवश्यक हो जाता है। तीन साल की अवस्था में बच्चे की स्मरण शक्ति का विकास होने लगता है वह हर वस्तु और व्यक्ति की नकल करना सीख जाता है। ऐसा व्यवहार इसलिए दर्शाता है कि बच्चा अपने आप को अलग व स्वावलम्बी समझने लगता है। बच्चे के ऐसे व्यवहार और आचरण के समय होम्योपेथिक दवाइयाँ ही अच्छा काम करती हैं। यह बच्चों का शारीरिक एवं मानसिक विकास करती हैं। जैसे जब बच्चे में घबराहट पाई जाए तो उसे **काली फाँस 6** की तीन मात्रा चार-चार घंटे से देनी चाहिए। यह उपचार बच्चों को पूरी तरह ठीक कर देता है। बच्चा स्वभाव से डरपोक, जल्दी घबराने वाला, काँपने वाला, थोडी सी डाँट से मलमूत्र त्याग देता है। तो उसको **जेल्सेमियम-30** की तीन मात्रा चार-चार घण्टे से दें। बच्चा स्वभाव से ऊधमी होता है और समय समय पर चिल्लाता है ऐसे बच्चों को शान्त करने के लिए **केमोमिला-12** एक उत्तम दवा है जिसको दिन में तीन बार देनी चाहिए।

बच्चा चार-पाँच साल की उम्र में पढ़ने लिखने योग्य हो जाता है। जब बच्चा पढ़ाई करने से मना करे और ऐसा लगे कि पढ़ा-लिखा सब भूल जाता है तब **इथुजा-30** की दो मात्रा दिन में देनी चाहिए। इन अवस्थाओं को पार करके बच्चा धीरे-धीरे बढ़ने लगता है। बच्चों के विकास उनके स्वास्थ्य एवं मस्तिष्क विकास का पूरा ध्यान रखना चाहिए। ऐसे समय में उनके खान-पान, उनकी भावनाओं एवं खेलकूद पर ध्यान और उसमें सहयोग देना चाहिए। यही नहीं उनकी बीमारियों का उपचार भी करना चाहिए ताकि बच्चों को निरोगी व स्वस्थ बनाया जा सके।

शिशु एवं बच्चों को होम्योपेथिक दवा देने के कुछ नियम हैं उनका ध्यान व पालन करना चाहिए। जैसे जब एक मात्रा से आराम मिले तो दूसरी खुराक न दें परन्तु जब तकलीफ ज्यादा हो तब दवा बार-बार देनी चाहिए और जब एक बार फर्क मालूम पड़े तो अगली खुराक देने में जल्दबाजी नहीं करनी चाहिए। नवजात शिशु को दवाई देने का तरीका अलग है। दवा पानी में दी जानी चाहिए। इसके लिए दवाई की पाँच छोटी गोलियाँ (**No.10 Size**) को एक ओंस डिस्टिल वाटर (30 मि.ली.) में डालकर घोल लें। और दवाई वाली पानी की बूँदें जबान पर डाल दें। अगर शिशु को बीमारी तीव्र रूप में हो तो दवाई की बूँदें जल्दी-जल्दी (हर 15 मिनट के अन्तर से) देनी चाहिए। तबीयत में सुधार आने पर दवाई का अन्तर घण्टों में कर देना चाहिए। बच्चों को दवाई गोलियों में दी जा सकती है। इसके लिए दवाई की 3-4 गोली जबान पर रख देनी चाहिए। अगर बच्चे को देने के लिए चिन्हित शक्ति की दवाई न मिले तो उसकी अगली शक्ति की दवा देनी चाहिए परन्तु उसकी मात्रा में कमी कर देनी चाहिए। अगर रोग उग्र रूप में हो तो हर तीस मिनट बाद एक मात्रा देनी चाहिए। रोग में सुधार आता दिखे तो हर मात्रा का अन्तर 4 घण्टे कर देना चाहिए। होम्योपेथिक दवाइयाँ लम्बे समय तक नहीं देनी चाहिए। आराम आने पर दवाई बन्द कर देनी चाहिए। अगर दो दवाइयाँ दी जाएँ तो सदैव ही एक के बाद दूसरी दवाई देने के समय में काफी अन्तर रखना चाहिए इस प्रकार दवाइयाँ देना सदैव गुणकारी और लाभदायक है।

सुन्दर व स्वस्थ शिशु माता-पिता को ही नहीं सबको अच्छे लगते हैं। उसका खुश होना व हँसना सबके मन को मोह लेता है। अगर ऐसा शिशु किसी कारण बीमार हो जाए तो सब की चिन्ता का कारण बन जाता है। जो लोग अपने शिशु को आरोग्य रखना चाहते हैं उनके लिए यह पुस्तक लिखी गई है। इसे पढ़कर वे अपने लाडले को दवाई दे सकते हैं। और अपनी परेशानी दूर कर सकते हैं।

शिशु एवं बाल रोग चिकित्सा का विवरण करीब-करीब हर होम्योपेथिक पुस्तक में होता है। परन्तु विषय की महत्ता और आवश्यकता को देखते हुए जितनी अधिक पुस्तक इन पर लिखी जाएँ सभी मंगलकारी रहेंगी।

आज के समय में हर चिकित्सा पद्धति में ज्ञान का सृजन होता रहता है ताकि नई व्याधियों व नई औषधियों के सम्बन्ध में जानकारी मिलती रहे। इसी बात को ध्यान में रखते हुए यह पुस्तक लिखी गई है। पुस्तक को हर प्रकार से उपयोगी बनाने का प्रयास भी किया गया है।

इस पुस्तक में शरीर की रचना के अनुसार रोगों का वर्गीकरण किया गया है जैसे सिर एवं मस्तिष्क रोग, स्नायु मण्डल के रोग, आँख, नाक, कान, मुँह आदि के रोग।

रोगों के लक्षणों के आधार पर दवाई चिन्हित की गई हैं। जिसे पढ़कर शिशु

एवं बच्चों को उनके रोगों की दवाई दी जा सकती हैं और उनको आरोग्य बनाया जा सकता है। पुस्तक की विशेषता यह है कि आम आदमी और व्यस्त डाक्टर इस पुस्तक को पढ़कर चिकित्सा कर सकते हैं और लाभ ले सकते हैं। यह पुस्तक कितनी लाभकारी है इसका निर्णय तो स्वयं पाठकगण ही करेंगे।

—डॉ. एम.बी एल. सक्सेना

1 क-9
नन्दन वन
जोधपुर

विषय-सूची

नवजात शिशु की बीमारियाँ
(Diseases of newly born baby)

सिर एवं मानसिक रोग
(Head and mentel diseases)

नाक, गला व स्वरयंत्र के रोग
(Diseases of nose throat and larynx)

मसूड़े, मुँह, दाँत और जीभ के रोग
(Diseases of gums, mouth, teeth and tongue)

छाती, फेफड़ें और कफ के रोग
(Diseases of chest, lungs and cough)

हृदय व रक्त नलिकाओं के रोग
(Diseases of heart and blood vessels)

पाचन तंत्र के रोग
(Diseases of digestive system)

मूत्र संस्थान के रोग
(Diseases of urinary system)

जननांगों के रोग
(Diseases of genitalia)

हड्डियों, मांसपेशियों और जोड़ों के रोग
(Diseases of bones, joints and muscles)

त्वचा, नाखून व बालों के रोग
(Skin, nail and hair diseases)

बुखार
(Fever)

विविध रोग
(Miscellaneous diseases)

बायोकेमिक उपचार
(Biochemic treatment)

नवजात शिशु की बीमारियाँ
(Diseases of newly born baby)

1. नवजात शिशु के सिर पर अर्बुद होना
(Tumour on the head of infant)

पैदा होने के बाद किसी-किसी शिशु के सिर पर अर्बुद हो जाता है। **आर्निका-3** की 2-3 मात्रा खिलाने पर अगर लाभ न हो तो **केल्केरिया कार्ब-6** की 2-3 मात्रा प्रतिदिन कुछ दिनो तक खिलानी चाहिए।

2. नवजात शिशु का सिर सूजना व बढ़ जाना
(Swelling and elongation of head)

माता के प्रसव काल की कठिनाइयाँ और प्रसव का दर्द अधिक समय तक रहना अधिकांश नवजात शिशुओं के सिर में सूजन एवं उसे बड़ा कर देता है और अधिकतर सिर के पीछे की ओर अर्बुद पैदा कर देता है। **आर्निका Q** का घोल (तीन बूँद आधे गिलास पानी में) से सिर धोने से ठीक हो जाता है। अगर एक दो दिन तक ठीक न हो तो **रस टोक्स-6** की 2-3 खुराक देनी चाहिए।

3. नवजात शिशु की आँख आना
(Eye flue of infant)

जन्म के पश्चात किसी-किसी शिशु की आँख फूल जाती हैं और लाल हो जाती हैं। उसमें से पीप आती है, ज्यादा दिन तक पीप बहने से आँख खराब हो जाती हैं। कभी-कभी आँखों में घाव पड़ जाते हैं। ऐसी अवस्था उत्पन्न होने के कई कारण हैं जैसे सीलन वाले घर में रहना, ठण्डी हवा या ओस लगना, आँखों में ज्यादा प्रकाश या धुआँ लगना, माता-पिता में धातुगत रोग होना आदि।

सर्दी, ओस या ज्यादा रोशनी लगने से अगर यह प्रदाह हो गया हो जिससे शिशु को बुखार, बेचैनी और नींद न आए, आँख से ज्यादा पानी गिरे, आँख की पुतलियाँ लाल हो जाएँ। **एकोनाइट 3x** की 3-4 मात्रा देनी चाहिए।

शिशु की पलक फूल जाएँ, आँखें लाल हो जाएँ और कभी-कभी खून आने लगे तब **बेलाडोना-3** की 3-4 मात्रा देनी चाहिएँ।

शिशु की आँख की पलकें फूल जाएँ, पलकों के जड़ के पास छोटी-छोटी फुन्सियाँ हो जाए और आँख से ज्यादा पीप आए **मर्क सोल-6** या **अर्जे नाई-3** का प्रयोग करें। इनकी 3-4 मात्रा देनी चाहिए। आँखें चिपक जाने पर गर्म पानी करके उसे ठण्डा करने के बाद उससे आँखें सावधानी से धोनी चाहिए कीचड़ आदि निकाल देना चाहिए।

माता-पिता के धातु रोग के कारण अगर आँख का प्रदाह हो तो **थूजा 30** या **सल्फर 30** का प्रयोग करना चाहिए। दवाई की 3-4 मात्रा देने से फायदा हो जाएगा।

4. नवजात शिशु में खून का एक जगह इकट्ठा हो जाना
(Echymosis on the surface of the skull of infant)

प्रसव वेदना के देर तक रहने पर या उसके बाद शिशु का सिर पेढ़ू (**Pelvis**) क्षेत्र में रहने पर या शिशु को औजार द्वारा पैदा करने पर, शिशु की खोपड़ी पर खून एक जगह एकत्रित हो जाता है। **आर्निका** के मदर टिंचर की 10 बूँद एक ओंस पानी में मिलाकर घोल बना लें, उसका ऊपरी प्रयोग 2-3 बार करने से यह ठीक हो जाता है।

5. नवजात शिशु का कामला
(Infant jaundice)

शिशु के पैदा होने के दो एक दिन बाद शिशु का बदन और आँखों के कोने पीले पड़ जाते हैं। **केमोमिला** 6 की दो-तीन छोटी गोलियाँ जीभ पर रख दें। अगर **केमोमिला** से आराम न आए तो **मर्क 6** दें और **मर्क 6** से भी आराम न आए तो **चायना 3** की दो तीन खुराक दें।

6. नवजात शिशु में जन्म का मल निकलना
(Expulsion of the maconium)

चार-छः घण्टे बाद नवजात शिशु को स्तनपान करा देना चाहिए। यद्यपि माता के स्तन में दूध नहीं आता किन्तु एक पदार्थ जिस को **लोस्ट्रम** कहते हैं आता है। जो यह जन्म मल (गोंद की तरह काले रंग का पुराना मल) के निकालने में सहायता करता है। परन्तु भारत देश में स्तनपान कराने के बदले शिशु को शहद चटाया जाता है। यह भी जन्म का मल निकालने में सहायक होता है। परन्तु कई घण्टों तक जन्म का मल नहीं निकले तब होम्योपेथिक दवा का प्रयोग करना चाहिए। जन्म का मल न निकलने पर **नक्स वोमिका 6** या **ब्रायोनिया 6** की एक दो मात्रा दें अगर फिर

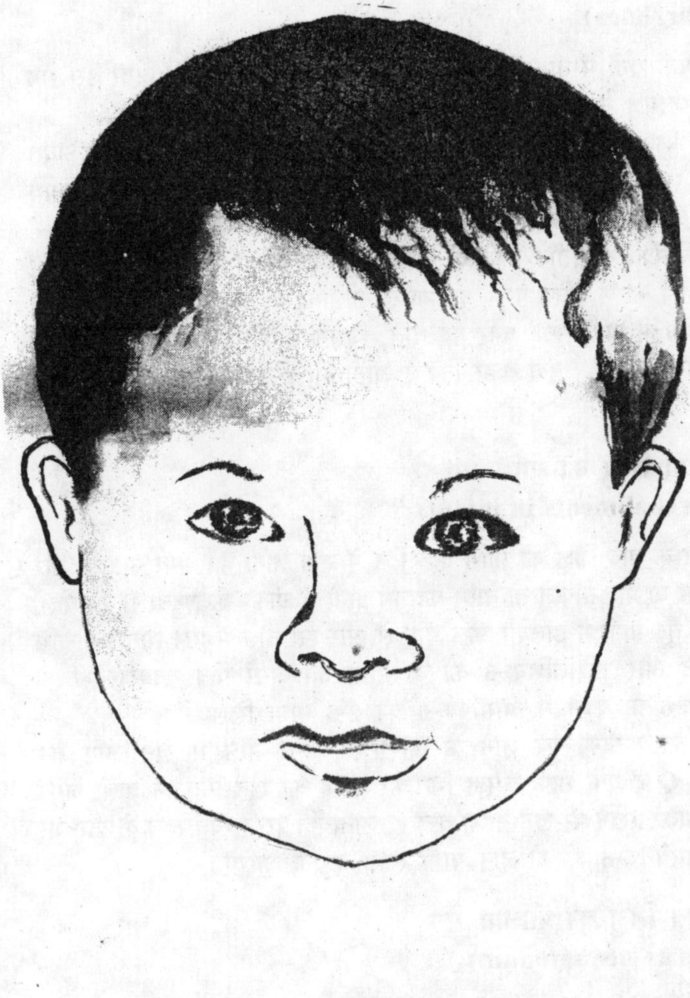

नवजात शिशु एवं बाल रोग
(Infants and Children Diseases)

भी मल न निकले तब **ओपियम 6** की एक दो मात्रा दें।

7. नवजात शिशु में दस्त
(Diarrhoea)

सब प्रकार के रोगों में तीव्र दस्त नवजात शिशु को बहुत सताते हैं। अगर इस रोग का तुरन्त इलाज नहीं किया जाए तो रोग बहुत घातक सिद्ध होता है।

अगर शिशु माँ के दूध के अलावा ऊपर का दूध पिए तो उसे दस्त की शिकायत अधिकतर रहती है। शिशु के पेट में दर्द रहता है। दस्त हरे व झागदार होने के साथ में बगैर पचा हुआ दूध भी दस्त में आता है। इसके लिए **मेंग्नीशियम कार्ब-6** अच्छी दवा है। जिसको तीन-तीन घण्टे के अन्तर में देना चाहिए।

दस्त का कारण दूषित पानी, दूध या खाना होता है। दस्त पानी की तरह पतले अधिक मात्रा में आए मगर बगैर दर्द वाले, जिसमें झागदार श्लेष्मा भी आती है। बार-बार दस्त आने पर गुदा बाहर निकल आती है। **पोडोफाइलम-6** की एक मात्रा हर दस्त के बाद दें।

8. नवजात शिशु का नाभि रोग
(Navel ailments in infant)

नाल काटने के बाद शिशु की नाभि कुछ दिन में सूख जाती है। अगर न सूखे और इसमें से रस या पीप निकले तो नाभि को गर्म पानी से धोकर **केलेण्डुला Q** का घोल, **Q** की 10 बूँद पानी में डालकर घोल बना लें और इस घोल में पट्टी भिगोकर नाभि पर बाँध दें और **साइलिशिया-6** की दो मात्रा दें। अगर पीव बदबूदार हो तो **साइलिशिया-6** के बदले में **आर्सनिक-6** की 2-3 मात्रा खिला दें।

नाल का बन्धन खुल जाने के कारण से अगर नाल से खून आए तब **हेमामिलिस Q** में एक साफ कपड़ा भिगोकर कपड़े को खून निकलने वाली जगह पर जरा दबाकर रखने पर खून बहना बन्द हो जाता है। परन्तु रक्त स्राव के बार-बार होने पर **आर्सेनिक-6** की दो तीन मात्रा सेवन करानी चाहिए।

9. नवजात शिशु का पीलिया रोग
(Icterus neonatonum)

जन्म के तीन चार दिन पश्चात अधिकांश शिशुओं में रक्त कणिका का विध्वंस होता है। जिसके कारण नवजात शिशु का सारा शरीर पीले रंग का हो जाता है। नेत्रों के सफेद भाग भी पीले हो जाते हैं परन्तु पेशाब पीला नहीं होता। दो चार दिन में बच्चा स्वयं अच्छा हो जाता है परन्तु ठीक न होने पर इसका इलाज करना चाहिए।

शिशु को ठंड लगने से पीलिया रोग का होना। कूँथन के साथ बार-बार

थोड़ा-थोड़ा सा मल निकलना। पतला हरे या सफेद रंग का मल। प्रदाह लक्षण का होना। **ऐकोनाइट 3x** की 2-3 मात्रा का प्रयोग करें।

पीलिया के साथ शिशु बेचैन और रोता रहता है। **केमोमिला 6** की 2-3 मात्रा का प्रयोग करें।

पीलिया रोग में शिशु को पखाना न हो। **नक्स बोमिका 6x** की 2-3 मात्रा का प्रयोग करें।

शिशु का मल पिचकारी की तरह निकलता है। मल त्यागते समय पट-पट शब्द होता है। मल अति दुर्गन्धित। सवेरे के समय दस्त। **पोडोफाइलम 6x** की 2-3 मात्रा का प्रयोग करें।

शिशु को अतिसार। काँखकर आँव मिला मल त्यागना। **मर्क्युरियस 6** की 2-3 मात्रा का प्रयोग करें। (यह एकोनाइट के बाद अच्छा फायदा करती है।)

अगर शिशु को अधिक समय पीलिया रहकर स्थाई हो जाए तब **चेलिडोनियम 6x** या 30 की दो मात्रा प्रतिदिन दें।

10. नवजात शिशु के चेहरे की फुन्सियाँ (Pimples on the face of the infant)

नवजात शिशु के चेहरे पर कभी-कभी सफेद छोटी-छोटी फुन्सियाँ हो जाती हैं। पहले यह गाल पर फिर सारे शरीर पर हो जाती हैं। कुछ दिन बाद यह फट जाती हैं और इनमें पीली पपड़ी पड़ जाती है। पाकस्थली की गड़बड़ी, माता-पिता के उपदंश के कारणों से यह रोग हो सकता है।

शिशु के चेहरे पर फुन्सियाँ। नाक से स्राव आए। साथ में मुँह के अन्दर भी फुन्सियाँ हो जाएँ। **बौरेक्स 3x** विचूर्णा या 6 की 2-3 मात्रा दें।

फुन्सियों के साथ मुँह से अधिक लार बहे और दुर्गन्ध आए **मार्क सोल 6x** या 6 की 2-3 मात्रा दें।

शिशु के लाल रंग की फुन्सियाँ होने पर **बेलाडोना 3x** या 6 का प्रयोग करना चाहिए। इसकी 2-3 मात्रा दें।

माता-पिता में पारे का दोष रहने पर फुन्सियाँ और मुँह से सड़ी गन्ध आने पर **नाइट्रिक ऐसिड 6** की 2-3 मात्रा दें।

फुन्सियाँ घाव बनकर सड़ने लगें तब **सिकेल कोर 6** की 2-3 मात्रा दें।

11. नवजात शिशु में छाले उठना (Boils of infant)

नवजात शिशु के कई दिन बाद कभी-कभी पीठ, कान के पीछे, गले के पीछे हाथ पैर, बगल आदि पर एक तरह के छाले उठ जाते हैं जिसके अन्दर स्राव पहले पीला,

फिर लाल होकर सूख जाता है या फट जाता है। या कभी-कभी इस पर पपड़ी पड़ जाती है। **रस टोक्स-3** (3-4 मात्रा) इसकी प्रधान दवा है। रोग पुराना होने पर **आर्सेनिक 3** का प्रयोग करना चाहिए इसकी 3-4 मात्रा देनी चाहिए।

12. नवजात शिशु के बदन पर लाल दाने निकलना (Red eruptions in infant)

शिशु के पैदा होने के कुछ दिनों बाद लाल रंग के दाने मुँह पर, गर्दन पर, बांहों पर और कभी-कभी सारे शरीर पर निकल आते हैं। ऐसी अवस्था में **ब्रायोनिया 6** की 2-3 मात्रा कुछ समय तक दें और बच्चे को नहला दें। फायदा न होने पर **रस टोक्स 6** या **सल्फर-6** की 2-3 मात्रा देनी चाहिए।

13. नवजात शिशु में निशान (Marks in infant)

नवजात शिशु के शरीर पर अनेक प्रकार के निशान पड़ जाते हैं जिसके कारण रक्त कोशिकाओं और त्वचा में खराबी होना। **सल्फर 30** की एक दो मात्रा के बाद **केल्केरिया कार्ब-30** की एक दो मात्रा देने से निशान दूर हो जाते हैं।

14. शिशु का नील रोग (Cynosis/blue discouloration)

शिशु के हृदय की क्रिया में खराबी होने के कारण उसे नील रोग की बीमारी हो जाती है। **डिजिटेलिस-3** की 2-3 मात्रा का सेवन कराने से इस बीमारी में आराम मिल जाता है।

अगर नील रोग के साथ शरीर बर्फ की तरह ठंडा रहता हो तो **आर्सेनिक-6** की 2-3 मात्रा का सेवन करना चाहिए।

15. शिशु का कालरा (Infantile cholera)

यह रोग स्नायुमण्डल की उत्तेजना के साथ पाक स्थली और आँतों का एक प्रकार का प्रदाह है। इसको **Summer Complaints** या शिशु का ग्रीष्मकालीन अतिसार भी कहते हैं। इसका उत्तेजक कारण कॉमा वेसिलस है। इसके अलावा इसके और भी कारण हैं। जैसे गर्मी और दाँत निकलने का समय, भोजन में गड़बड़ी, ऋतु परिवर्तन, दूषित जगह में रहना आदि। इसके लक्षण धीरे-धीरे या एकाएक दिखाई देते हैं।

रोग में सब से पहले हरे पानी की तरह पतले दस्त, बार बार मल त्यागना और साथ में ज्वर रहना है। अधिक प्यास व बेचैनी, नाड़ी तेज और पेशाब कम, शरीर

ठंडा और साथ में ऐंठन, रोग का अचानक आक्रमण, शरीर कभी ठंडा कभी गर्म, पीड़ा के साथ दस्त, जाड़ा व कम्पन, तेज प्यास अथवा प्यास बिल्कुल नहीं, बेचैनी। **ऐकोनाइट 3x** की एक मात्रा हर बार दस्त के बाद दें।

शिशु को दूध हजम नहीं होता उल्टी हो जाती है साथ में मतली रहती है। दही की तरह थक्केदार वमन, दस्त पानी की तरह आँव मिले या हरे रंग के, दस्त से पहले पेट में पीड़ा, बाद में दस्त व वमन जिसके बाद शिशु सुस्त हो जाता हैं **इथूजा सी 6x** या **30** दिन में 2-3 बार दें। (यह शिशु कॉलरा की उत्तम दवा हैं)

शिशु का खाया हुआ द्रव्य के रूप में वमन हो जाता है। जमा हुआ दूध सा वमन, जीभ पर मोटी सफेद परत। पेट में पीड़ा और दस्त जो अधिकतर गर्मी में होते हैं। **एन्टिम क्रूड 6x** या **30** की 2-3 मात्रा दिन में दें।

सड़ा दुर्गन्धमय आँव और रक्त मिले दस्त। नींद में अनजाने में काले रंग के दस्त। **ऐसिड कार्बोलिक-6** की 2-3 मात्रा दें।

अत्यधिक प्यास, पानी पीते ही उल्टी परन्तु खाने पर उल्टी कुछ देर बाद होती है। शिशु का शरीर गर्म। अधिक मात्रा में पानी की तरह वेदनारहित दस्त। **बिस्मथ-6x** की दो तीन मात्रा दें।

अंत्यत दुर्गन्धमय दस्त। हाथ पैर ठंडे, सिर गर्म। सिर और नेत्र को नचाना। शिशु का चौंक पड़ना और अस्थिरता प्रकट करना। **पोटेशियम ब्रोमाइड 3x** हर दस्त के बाद एक मात्रा दें।

अत्यन्त जल या झाग की तरह बहुत मात्रा में दस्त जो वेग से आए। दस्त से पहले पेट में छुरी से खुरचन जैसी पीड़ा, दुर्बलता, शीत भाव और पेट में पीड़ा। **इलाटिरियम 6x** दिन में दो तीन बार दें।

बदबूदार पानी-सा मल जो सुबह शुरू होकर दिन भर चले। पेट में घड़घड़, पेट में वेदना। शिशु अधिक चिड़चिड़ा। सदा नाक भौंह सिकोड़ता रहता है **नेफेलियम-6** की दो-तीन मात्रा दें।

दस्त और वमन साथ-साथ आए, अधिक बेचैनी, चेहरा और नेत्र धँसे हुए, नाड़ी कभी तेज कभी लुप्त, शरीर ठंडा, लसदार पसीना, शरीर में जलन जिसके कारण शिशु किसी भी प्रकार का कपड़ा पहनना पसन्द न करे। **सिकेल कोर 6x** दो तीन मात्रा दें।

हल्के पीले रंग के दस्त जो अधिक मात्रा में आए और जोर से निकले, शिशु सिर इधर-उधर हिलाए, कभी-कभी दस्त का परिवर्तनशील रंग। प्रातःकाल रोग में वृद्धि। दाँत निकलते समय में भी यह रोग हो सकता है। **पोडोफाईलम 6x** जल्दी जल्दी दवाई की मात्रा दें।

सोते समय अनजाने में दस्त हो। शिशु के नेत्र व मुँह धँस जाए, नेत्रों के किनारे काले, शरीर पर ठंडा पसीना, होंठ काले, दूध पीने के बाद खट्टी डकार, जी मचलाए

और उल्टी हो जाए, शिशु के मल त्यागने से चारों ओर मल की गन्ध आए। शरीर में जलन और अस्थिरता, रात में रोग में वृद्धि। **सल्फर 30** की दो या तीन मात्रा दें।

अधिक मात्रा में दस्त व उल्टी जो एक साथ आए। सिर पर ठण्डा पसीना और शरीर ठंडा हो जाता है। **वेरेट्रम एल्बम 6x** दिन में दो तीन मात्रा दें।

16. नवजात शिशु की छाती फूल उठना
(Swelling of the infant chest)

पैदा हुए शिशु की छाती फूल जाती है और कड़ी हो जाती है और लाल होने पर **बेलाडोना-3** की 2-3 मात्रा देने से ठीक हो जाती है अगर उनमें पीव भर जाए तो **हिपर सल्फर-6** की 3-4 मात्रा देने के बाद उसे सुखाने के लिए **साईलिशिया-6** की 3-4 मात्रा देनी चाहिए।

नवजात शिशु की छाती लाल हो जाए तो **आर्निका-3** का 2-3 बार सेवन करना चाहिए।

17. नवजात शिशु का जबड़ा बैठना
(Jaw locking of infant)

शिशुओं के जन्म के कई दिन बाद ही यह रोग हो सकता है। ठंड लगना, दूषित वातावरण, दूषित दूध पीना आदि कारणों से यह रोग होता है।

शिशु स्तन से दूध नहीं पी सकता। यदि पी भी लेता है तो निकल जाता है। क्योंकि रोग में जबड़ा बैठ जाता है। जबड़े की मांसपेशियाँ कड़ी हो जाती हैं और बाद में सारा शरीर कड़ा हो जाता है। सही इलाज न होने पर शिशु की मृत्यु भी हो सकती है।

यदि चोट लगकर शिशु को यह रोग हो जाए तब **आर्निका Q** का लोशन **(Weak Lotion)** जबड़े पर लगायें अथवा **आर्निका-6** की 2-3 मात्रा खिलाएँ।

शिशु को ठंड लगने से यह रोग हो जाए तब **कैमोमिला-12** की एक दो मात्रा दें।

किसी भी कारण से यह रोग हो जाए जिसमें शिशु का चेहरा लाल और सिर गर्म रहे **बैलाडोना-3x** या 6 की दो तीन मात्राएँ दें।

शिशु का जबड़ा लगने के साथ मुँह से झाग आए। गर्दन कड़ी व पीठ की ओर मुड़ जाए। साथ में अकड़न। कष्ट हिलने-डुलने और स्पर्श से बढ़े। **साइक्युटा वाइरोसा-30** की दिन में दो मात्राएँ दें।

जबड़ा लगना और शिशु का चेहरा नीला पड़ जाना। हाथ पैरों की अँगुलियों का मुड़ जाना अकस्मात् कोई चर्म रोग हो जाने पर **क्यूप्रम मेट-6x** या 30 की 2-3 मात्रा दें।

शिशु को ऊपर वाली दवाइयों से फायदा न हो तो **हायोसायमस-6** का प्रयोग करना चाहिए इसकी 2 मात्रा दिन में देनी चाहिए।

18. नवजात शिशु का दूध फेंकना
(Regurgitation of milk)

स्तन पान करते-करते शिशु दूध फेंक देता है अगर अधिक दिनों तक ऐसा होता रहे तो होम्योपेथिक दवा का प्रयोग करना चाहिए। क्योंकि इलाज न करने से शिशु को पेट की गड़बड़ी पैदा हो सकती हैं। उल्टियाँ शुरू हो सकती हैं, जिसमें पित्त अथवा श्लेष्मा मिला रहता है। शिशु दुर्बल हो जाता है।

शिशु को वमन के साथ दस्त। शरीर सदैव गर्म, **बिस्मथ 6** की 2-3 मात्रा दें।

शिशु के अधिक स्तनपान से पाकस्थली में गड़बड़ हो जाती है। शिशु को दस्त। और दूध पीने में अरुचि रहती है। श्लेष्मा युक्त वमन। **इपिकाक 6x** की 2-3 मात्रा दें।

जब शिशु को **इपिकाक** से फायदा न हो और वमन होते रहें। **पल्सेटिला 6x** की 2-3 मात्रा दें।

दूध फेंकने के साथ शिशु को कब्ज, पेट फूले, चिड़चिड़ा मिजाज रहे। **नक्स वोमिका 6** का प्रयोग करें इसकी 2-3 मात्रा ही काफी है।

शिशु को खट्टी अथवा पित्त की कै, जिसके कारण पेट भर जाना। मिजाज चिड़चिड़ा सदा गोद में रहकर घूमना चाहे। हरे रंग के बदबूदार दस्त। शिशु का एक गाल लाल दूसरा मलीन। **केमोमिला-12** की 2-3 मात्रा दें।

शिशु को दूध पीने से फटे दूध जैसी कै हो जाती है। इसके बाद शिशु में कमजोरी आ जाती है और वह सो जाता है। **इथूजा 6** की 2-3 मात्रा दें।

शिशु को दस्त, हाथ पैर ठण्डे होना, एकदम सुस्त हो जाना। मुख मण्डल पर उदासी। **आर्सेनिक-6** की 2-3 मात्रा दें।

शिशु को फटे दूध की खट्टी उल्टी और माथे पर पसीना इन लक्षणों पर। **केल्केरिया कार्ब-30** की 2-3 मात्रा दें।

शिशु को वमन की इच्छा बनी रहे और अधिक मात्रा में खट्टी, बदबूदार पानी जैसे दस्त के साथ उल्टी और पेट में दर्द के लक्षणों में **आईरिस बी-6** या **30** एक दो मात्रा दें।

शिशु को थोड़ा सा भी दूध पीने से उल्टी हो जाए। पाकस्थली में उत्तेजना व दर्द के लक्षणों में **विरेट्रम विरिडस 6x** की 2-3 मात्रा दें।

19. नवजात शिशु को पखाना, पेशाब न होना
(Not passing of stool and urine by the infant)

तुरन्त पैदा हुए शिशु को पखाना व पेशाब बहुत देर तक न होने पर **बेलाडोना-6** या **ओपियम-6** की 2-3 मात्रा देनी चाहिए साथ में हाथ गर्म करके पेट पर फेरना चाहिए।

किसी नवजात शिशु को पखाना तो होता है परन्तु पेशाब 36 घंटों तक नहीं होती। पहले शिशु को **एकोनाइट-3** की 2-3 मात्रा देनी चाहिए। फायदा न होने पर **बेलाडोना-6** या **केन्थेरिस-6** की भी 2-3 मात्रा देना कारगर साबित होगा।

20. मरणासन्न नवजात शिशु का पैदा होना
(Apprent death/Still born infant)

बहुत देर तक प्रसव पीड़ा होने के बाद या प्रसूता को जरायु की बीमारी रहने पर शिशु मुर्दा समान पैदा होता है ऐसी अवस्था में शिशु की नाक दबाकर मुँह में इस प्रकार से फूँकना चाहिए कि उसकी छाती में हवा घुस जाए और उसका पिंजरा इस तरह दबाना चाहिए कि बाहर निकल आए। एक मिनट में ऐसी प्रतिक्रिया आरम्भ हो जाए। यह काम बड़ी सावधनी के साथ करना चाहिए। पैदा हुए शिशु का माथा गरम, जीवन के कोई लक्षण न मालूम होने पर **ओपियम 30** या **एण्टिम टार्ट 30** की छोटी गोलियाँ (नम्बर 10) जीभ के अग्र भाग पर लगा देनी चाहिए या पानी में घोलकर पिला देना चाहिए।

अगर नवजात शिशु निष्क्रिय औजार द्वारा पैदा किया गया हो और मरणासन्न-सा मालूम हो तो **आर्निका 3** की दो तीन छोटी गोलियाँ (नम्बर 10) जीभ के अग्र भाग पर रख देने से लाभ होता है।

21. नवजात शिशु में विकृतियाँ
(Monostrositis)

प्रसव काल में जीवनी शक्ति **(Vital force)** के ठीक से न काम करने से नवजात शिशु में अनेक प्रकार की विकृतियाँ **(Deformities)** पैदा हो जाती हैं। अधिकांश विकृतियाँ एक या दो मात्रा **सल्फर-30** और **कैल्केरिया-30** की पर्याय क्रम से देने से दूर हो जाती हैं।

22. नवजात शिशु का स्तन पान न कर पाना
(Inability of infant to breast feeding)

नवजात शिशु कमजोरी की वजह से स्तन से दूध न खिंच सके तो स्तन से बहुत थोड़ा दूध एक चम्मच में निचोड़ (स्तनपान की तैयारी व सफाई के बाद) कर शिशु

को पिलायें इसके बाद शिशु अपने आप दूध खींचने लगेगा। अगर फिर भी बच्चा स्तन से दूध नहीं खींच सके तो **चायना** 6 की दो तीन छोटी गोलियाँ मुँह में डाल देनी चाहिए। इससे शिशु दूध पीने और खींचने लगेगा।

सिर एवं मानसिक रोग
(Head and mental diseases)

1. शिशु व बच्चों की प्रकृति
(Nature of infants and children)

शिशु/बच्चों की प्रकृति जैसे आलसी होना, देर से बोलना, हिचकना, चिड़चिड़ा होना, भूख अधिक लगना, अधिक पसीना आना, अपरिचित से बात न करना, हमेशा डरा रहना अनेक ऐसे रोगो का निवारण होम्योपेथिक दवा द्वारा ही हो सकता है।

शिशु की छाती सूज जाए जिसका कारण छाती में दूध इकट्ठा होना हो या कोई अन्य पदार्थ, ऐसी अवस्था में शिशु के सूजे भाग को मीठे तेल से भींगे कपड़े से ढक दें। यदि फायदा न हो तो छाती को पानी में थोड़ी ब्रांडी मिलाकर धो दें और **कैमोमिला** 6 की 2-3 मात्रा दें या **बेलाडोना** 6 की 2-3 मात्रा दें।

अगर बच्चा देर से बोले ऐसे में। **नैट्रम म्यूर 6 एक्स** की 2-3 मात्रा दें।

अगर बच्चा देर से चले तो **कैल्केरिया कार्ब** 30 की दो मात्रा दें।

जब बच्चे के चलने और बोलने में भी देर लगे तो **आयोडियम** 30 की दो मात्रा दें।

बच्चा आलसी हो और कोई काम न करना चाहे तो **बेराइटा कार्ब** 30 की दो मात्रा दें।

बच्चे के चाक या मिट्टी खाने की आदत पर **एल्यूमिना** 30 की दो मात्रा दें।

बच्चों की नाभि से खून बहने पर **एब्रोटेनम** 6 की 2-3 मात्रा देने से आराम होता है।

बच्चों का विकास देर से होता है। स्वास्थ्य खराब रहता है। देखने में कमजोर व चिड़चिड़े स्वभाव के होते हैं। **सेनिकुला** 30 की दो मात्रा दें।

बच्चों का सिर बड़ा। भूख अधिक व खाना खाने के बाद भी कमजोर। देखने में सूखा-सूखा सा लगे। त्वचा में झुर्रियाँ पड़ जाती हैं। **सल्फर** 30 की दो मात्रा दें।

बच्चा चिड़चिड़े स्वभाव का और असंतुष्ट प्रकृति का। दाँत निकलने में कठिनाई। अचानक चिल्लाता है। दस्त का रंग घास के समान हरा उसका एक गाल

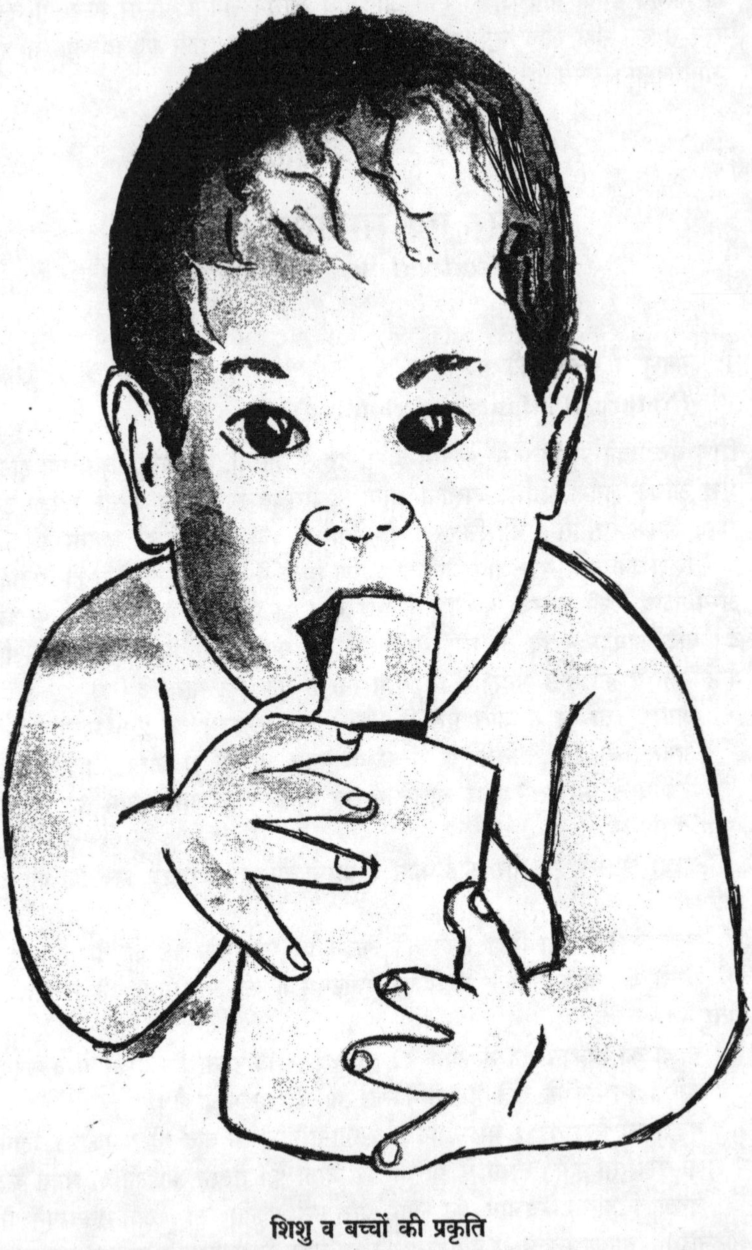

शिशु व बच्चों की प्रकृति
(Nature of Infants And Children)

लाल व दूसरा हरा पीला। सोने से परेशानी बढ़ती है। **कैमोमिला** 6 की 2-3 मात्रा दें।

बच्चा चिड़चिड़े स्वभाव का किसी भी प्रकार से संतुष्ट नहीं रहता, छूना भी बर्दाशत नहीं कर सकता। पैदाइश के समय कोई चोट लगने के कारण **आर्निका 30** की दो मात्रा दें।

अधिक भूख लगना, पतला पाखाना भी बड़ी कठिनाई से आए। पसीना कम आए। चलने, बोलने व दाँत निकलने में देरी। पसीना अगर आए तो ठण्डा आए। सिर व पेट बड़ा और पतले दस्त बने रहते हैं **एल्युमिना 30** की दो मात्रा दें।

बच्चों के हाथ पैर कमजोर (विशेषकर जाँघ की हड्डियाँ) **नैट्रम म्यूर 30** की दो मात्रा दें।

बच्चा अपरिचित व्यक्ति द्वारा छूने या उसकी तरफ देखने से रोने लगता है **एण्टिमोनियम क्रूडम** 6 की 2-3 मात्रा दें।

बच्चे जिनमें ठण्डा पसीना विशेषकर सिर में व रात में ज्यादा आए। **कैल्के कार्ब, 200** एक मात्रा या **साइलीशिया 200** एक मात्रा दें।

रात में पसीना ज्यादा। **साइलीशिया 30** की दो मात्रा दें। (सिर बड़ा, पेट सख्त व बड़ा) **मैग कार्ब 30** या **इथूजा 30** की दो मात्रा दें।

बच्चों के हाथ पैर ठण्डे व ठण्ड से कष्ट में वृद्धि। **नैट्रम कार्ब** 6 की 2-3 मात्रा दें।

बच्चे जल्दी बढ़ते हैं, रंग पीला, खून की कमी, ठण्ड जल्दी लगती है, जरा-सी चोट लगने से खून निकलने लगता है, ठण्डी चीज खाना पसंद करते हैं। **फॉसफोरस 30** की एक मात्रा दें।

बच्चे को 11 बजे भूख लगती है। सिर गरम और पैर ठण्डे। उठते ही रोता है। पेय पदार्थ अधिक लेता है और खाना कम खाता है। चिकनी चीजें अधिक खाता है। हमेशा थका-थका रहता है। होठ लाल, मल में बदबू, कभी दस्त और कभी कब्ज, नहाना पंसद नहीं करता। नहाने के बाद बुरा महसूस करता है। खाने के पश्चात भी कमजोरी रहती है। **सल्फर 200** की एक मात्रा सुबह दें।

पसीना कम, ठण्डे नम पैर, दूध पसंद नहीं करता। सिर बहुत बड़ा साथ में बड़ा और कड़क पेट। पेट और पैरों पर सूजन। देर से दाँत आना। खट्टा पसीना, मल, और उलटी। सफेद मल, बच्चा आसानी से डर जाता है। **कैल्के कार्ब 30** की दो मात्रा दें।

लम्बा बच्चा, जल्दी बढ़ने वाला, रक्त स्वल्पता, हमेशा डरा-डरा सा रहने वाला। अँधेरे से या अकेले रहने पर डरता है, बर्फ का ठण्डा पानी पीना चाहता है, नमक व नमकीन खाने की ज्यादा इच्छा। **फॉसफोरस 30** की एक मात्रा दें।

बच्चा सदैव शव की तरह पड़ा रहता है। बूढ़े-सा दिखता है। चेहरा पीला और

कमजोर। मीठा पसंद करता है। दवा लेने से दस्त लग जाते हैं। **अर्जेटम नाइट्रिकम 30** की दो मात्रा दें।

बच्चा कमजोर, सिर बड़ा व शरीर छोटा, चेहरा पीला, चिकना, बूढ़े की तरह दिखना, हड्डियाँ व मांसपेशियाँ धीरे-धीरे बढ़ते हैं। जिनके कारण बच्चा देर से चलता है। **साइलीशिया 30** की दो मात्रा दें।

बच्चा ज्यादा खाता है फिर भी पतला ही रहता है। चेहरा पतला, पीला व चिकना जैसे कि ग्रीस लगा दिया हो। त्वचा सूखी, मुरझायी हुई। बच्चा छोटा और बूढ़े आदमी सा दिखाई देता है। नमक ज्यादा खाता है और ब्रेड व वसा युक्त भोजन से नफरत करता है, जल्दी से रोने लगता है। **नैट्रम म्यूर 6** की 2-3 मात्रा दें।

बच्चा अधिक उत्तेजित रहे, रात को सो ना सके और कभी एकदम खुश। **कॉफिया 6** की 2-3 मात्रा दें।

ऐसे बच्चे जो देखने में पीले, पतले, जिन्हें सदैव ठण्ड लगे, हाथ पैर ठण्डे रहें, जो अधिकतर दिन में सोते रहते हैं और जिनकी नाक बहती रहे उनको **फेरम मेट 30** की दो मात्रां दें।

बच्चे जो अधिक पेय पदार्थ पिए, अधिक पसीना आए, जिनका चेहरा लाल और थुलथुले शरीर के हों। **कैल्केरिया कार्ब 200** की एक मात्रा दें।

बच्चा चिड़चिड़ा जल्दी क्रोधित होने वाला। फोड़े फुन्सियाँ अधिक हों। हड्डियाँ कमजोर, त्वचा खुरदरी व सूखी हुई। अधिक भूख लगने पर भी कमजोरी बढ़ती जाए, प्यास तेज, शरीर पर झुर्रियाँ पड़ जाएँ। बच्चा वृद्ध व्यक्ति की तरह दिखाई दे। **सल्फर 200** की एक मात्रा सुबह दें।

गले की ग्रन्थियाँ सूज जाएँ या फूल कर पक जाएँ। रोगी को सर्दी अधिक लगे, मां-बाप में उपदंश रोग की प्रवृत्ति पायी जाए। **सिस्टस केन 30** की दो मात्रा दें।

सिर के आसपास चिकना व बदबूदार पसीना। ग्रन्थियाँ सूजी हुई जिनमें मवाद बहे, दाँत पूरे ना निकले हों, त्वचा ठण्डी। **मर्क्युरियस 30** की दो मात्रा दें।

बच्चे की ग्रन्थियाँ सूज कर फट जाएँ, नासूर की भाँति इनसे मवाद निकलता रहे। **साइलीशिया 200** की एक मात्रा सप्ताह में दो बार दें।

जब रोग की प्रवृत्ति क्षय रोग की ओर बढ़ने लगे। **ट्यूबरकुलीनम 200** की एक मात्रा दें और **कैल्केरिया फॉस 30** की दो मात्रा दें।

जब रोग की प्रवृत्ति क्षय रोग की ओर हो। चक्कर आए, धीमा-धीमा सिर दर्द, हृदय भाग में विशेष पीड़ा। आवाज व शोरगुल से बच्चे को अधिक पीड़ा। **थेरिडीयन 30** की दो मात्रा दें।

2. शिशु के ब्रह्म तालु का न भरना
(Open sucher of skull)

पैदा होने के बाद यदि बच्चे का ब्रह्म तालु न भरे (आठ महीने के भीतर) तो **सल्फर 30** की एक खुराक देनी चाहिए और एक सप्ताह तक फायदा न हो तो **केल्के कार्ब 30** की एक मात्रा देनी चाहिए।

3. शिशु का बराबर चिल्लाना जिसका कोई कारण ना हो
(Continual crying of child without any cause)

शिशु नींद से एकाएक जाग उठता है और जोर से बराबर चिल्लाता रहता है **बेलाडोना-3** की तीन मात्रा दिन में दें।

शिशु बेचैन रहता है उसका शरीर गर्म रहता है और बराबर चिल्लाता रहता है। **कोफिया-6** दिन में तीन मात्रा दें।

शिशु के चिल्लाने का कारण अगर कोई दर्द जैसे कान में दर्द, शिशु बार-बार हाथ कान की ओर ले जाता है या सिर दर्द होने पर **केमोमिला-12** की तीन मात्रा दें।

4. बच्चे को बेचैनी व नींद ना आना
(Restlessness and wakefulness)

बच्चे के सिर में खून की अधिकता या खून इकट्ठा होने पर, बच्चे की माँ या बच्चे का अनुचित खान-पान, पेट में कृमि आदि के कारणों से बच्चों को बेचैनी व नींद नहीं आती है।

बच्चे का सिर गर्म, बराबर रोते रहना, ऊँघता रहना। वह सो नहीं सकता और नींद में एकाएक चिल्लाकर उठ बैठता है। **बेलाडोना-3** दिन में तीन बार दें।

बच्चे का बदन बराबर गर्म रहे, रह-रहकर शरीर का फड़कना, चिड़चिड़ा स्वभाव और सदैव गोदी में रहना चाहता है। **केमोमिला-6** तीन बार दें।

बच्चा हँसता और खेलता है परन्तु बीच-बीच में बेचैन रहता है। सोने की चेष्टा करता है परन्तु सो नहीं सकता। उसका बदन सदैव गर्म रहता है। **कोफीया-6** तीन खुराक दें।

5. शिशु के मस्तिष्क में जल-संचय
(Hydrocephalus)

इस रोग में सिर की खोपड़ी में सीरम (पानी) एकत्रित हो जाता है जिसके कारण बच्चे का सिर बड़ा हो जाता है। यह रोग अधिकतर शिशु अवस्था में पैदा हो जाता है। कई बार यह रोग जन्म के साथ ही उत्पन्न हो जाता है। उन बच्चों में जिनकी सिर

की हड्डियाँ सूक्ष्म होती हैं और आपस में जुड़ी नहीं होती हैं और रोग से विशेष पीड़ित रहता है।

बच्चों में सिर का आकार धीरे-धीरे बढ़ता जाता है। सिर का अगला और पिछला भाग उभर आता है। माथा विशेष रूप से बड़ा दिखाई देता है। आँखों में भेंगापन आ जाता है। मानसिक और शारीरिक दुर्बलता पैदा हो जाती है। जिसके कारण लेटे रहना पसंद करता है। शरीर या किसी अंग में झटके लगना व ऐंठन इसके मुख्य लक्षण हैं।

शिशु के पैदा होने से लेकर यह बीमारी एक साल तक कभी भी हो सकती है और आठ से दस वर्ष तक चल सकती है। अन्त में बच्चा मर जाता है। परन्तु समय से उपचार करने से ये बीमारी ठीक भी हो सकती है।

इस बीमारी में बच्चा माँ का दूध मजे से व आसानी से पीता है परन्तु दुबला होता जाता है। धीरे-धीरे उसका सिर बड़ा होता जाता है वह बूढ़ा जैसा दिखाई देने लगता है। और हमेशा लेटे रहना चाहता है **साइलीशिया 30** या **सल्फर 30** दिन में 2 बार कुछ समय तक देनी चाहिए।

ऊपर लिखे लक्षणों के साथ अगर शिशु का अनजाने में पेशाब बन्द हो जाए और पानी के सिवाय और कुछ न पिए तो **हेलिबोरस 3** दिन में तीन बार लम्बे समय तक दें।

बच्चा को बुखार रहता है और बीच-बीच में डर कर चिल्ला उठता है **ऐकोनाईट-3** तीन घण्टे के अन्तर से तीन खुराक दें।

बच्चे के पेट में कृमि होने के कारण बेचैनी और नींद न आना। **सीना 6x** दिन में तीन बार दें।

बच्चे को कब्ज और माँ के कॉफी पीने के कारण बच्चे को बेचैनी व नींद न आना **नक्स वोमिका-6** दिन में तीन बार दें।

6. मस्तिष्क झिल्ली का प्रदाह (Meningitis)

बच्चों के सिर में चोट लगने या गिर जाने आदि के कारण बच्चों की मस्तिष्क झिल्ली में प्रदाह हो जाता है।

बच्चे को भूख नहीं लगती, सिर भारी रहता है। कै होती रहती है, नाड़ी कमजोर, श्वास का आना-जाना अनियमित। दृष्टि टेढ़ी हो जाती है। शरीर का ताप बढ़ने लगता है। **ऐपिस 3** की 2-3 मात्रा कुछ समय तक देनी चाहिए।

बच्चे को चोट लगने पर अगर बच्चा नींद में चिल्ला उठता है। **आर्निका 3** की 2-3 मात्रा प्रतिदिन कुछ समय तक देनी चाहिए।

इस बीमारी में अगर बच्चे के सिर के पिछले भाग और गर्दन के पीछे अधिक

दर्द रहे तब **हेलेबोरस-3** की 2-3 मात्रा प्रतिदिन कुछ समय तक दें या **बेसिलिनम 200** की एक मात्रा दें। जिसे समय-समय पर आवश्यकतानुसार देनी चाहिए।

7. मस्तिष्क में सूजन (Swelling of the brain)

मस्तिष्क में रक्त का संचालन रुकने से और तन्तुओं के भीतर रक्ताणुओं के जमा हो जाने से मस्तिष्क में सूजन हो जाती है। वैसे यह अपने आप कम हो जाती है किन्तु ठीक ना होने की स्थिति में दवा का प्रयोग करना चाहिए।

सिर की हड्डी शीघ्र नहीं जुड़ती, वहीं पर नर्म और थुलथुला स्थान। अधिक मात्रा में तरल पदार्थ रहने के कारण फूला रहता है। **रस टॉक्स 6** दिन में तीन बार दी जानी चाहिए।

सिर की खोपड़ी जल्दी ना जुड़े तो इस के लिए, **केल्के. कार्ब 30** की एक मात्रा दिन में तीन बार दी जानी चाहिए।

समस्त ग्रन्थियों की सूजन में। **लेपिस एल्बा 30** दिन में तीन बार दी जानी चाहिए यह उत्तम औषधि है।

8. बच्चों का रोना, चिल्लाना व डर जाना (Fear and crying of child)

बच्चे के डर जाने व चिल्लाने की प्रवृत्ति मस्तिष्क से सम्बन्धित होती है इसलिए जब उसके सिर में खून की अधिकता हो जाए या खून इकट्ठा हो जाए, ठंडी हवा लग जाए, पेट की गड़बड़ी या कृमि हो जाए। शरीर के किसी स्थान में विकार पैदा हो जाए, इन्हीं कारणों से बच्चा चिल्लाता है। जब बच्चा चिल्लाए तो समझ लेना चाहिए कि कोई बीमारी अवश्य है जैसे अगर बच्चा कान पर हाथ रखकर रोता है चिल्लाता है तो समझना चाहिए कि कान में तकलीफ है और अगर पैर सिकोड़े तो, पेट में तकलीफ है।

बच्चा बेचैन रहता है, सो नहीं पाता और हमेशा रोता रहता है। शरीर गरम और सूखा रहता है और अगर डर के कारण यह परेशानी हो जाए **एकोनाइट 6** की तीन मात्रा दें।

बच्चा बहुत देर तक चिल्लाता है और फिर रुक जाता है और फिर जोर से चिल्लाता है, ऐसा लगता है कि सोना चाहता है पर सो नहीं सकता। नींद से एकदम उठकर चिल्लाने लगता है। **बेलाडोना 6** की तीन मात्रा दें।

बच्चा रोता है और अधिक बेचैन रहता है। वह चाहता है कि गोदी में उसे लेकर कोई घुमाए। एक गाल लाल रहता है **कैमोमिला 12** की 2-3 मात्रा दें।

बच्चा चिल्लाता भी है और हँसता भी है, बच्चा जागता रहता है। उसे नींद

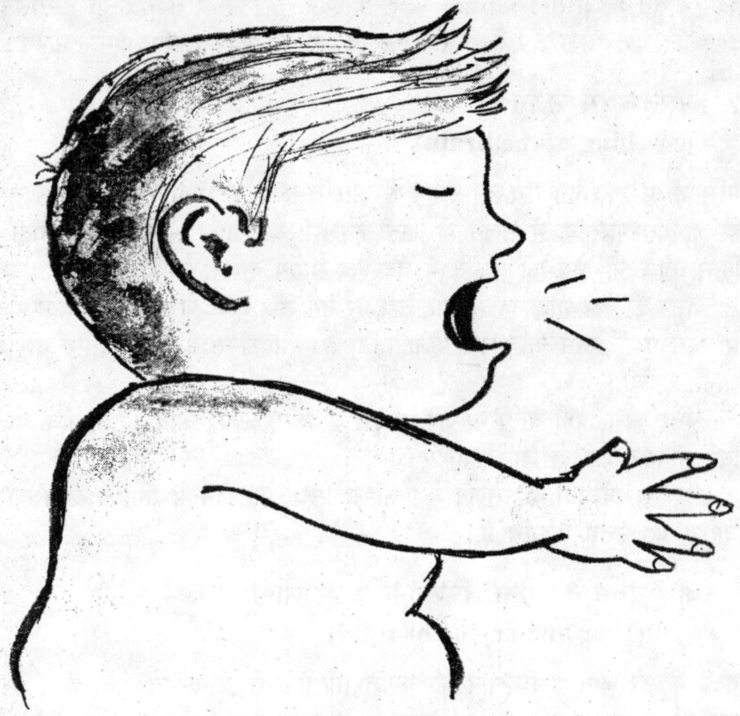

बच्चों का चिल्लाना
(Cry of Children)

बिल्कुल नहीं आती है और नींद के कोई लक्षण नहीं दिखते हैं। **कॉफिया 30** की दो मात्रा दे।

बच्चे को कब्ज रहता है व पेट में हवा भरी रहती है जिसका कारण उसकी माता का गरिष्ठ भोजन करना है। बच्चा सदैव रोता रहता है और बच्चा बेचैन रहता है। रात तीन चार बजे रोज उसकी आँख खुल जाती है और चाहता है कि उसे लेकर घुमाया जाए। **नक्स वोम 30** की तीन मात्रा दें।

बच्चा जरा-सी बात में रो पड़े। **कास्टिकम 30** की दो मात्रा दें।

सोने के बाद बच्चा एकदम डरा हुआ उठे, उठते ही चीखे और जो भी पास हो उससे चिपट जाए। **स्ट्रामोनियम 30** की दो मात्रा दें।

बच्चे को बिना किसी कारण के गिर जाने का भय, इसलिए माता से चिपटा रहता है। **जेल्सीमियम 6** की 2-3 मात्रा दें।

बच्चा एकाएक आवाज सुनकर डर जाए उसे नीचे उतारते समय भय लगे। सदैव गिर जाने का भय रहता है। इसी कारण वह माता का वस्त्र पकड़े रहता है। **बोरेक्स 6** की तीन मात्रा दें।

9. शारीरिक व मानसिक रोग
(Physical and mental ailments)

यह सर्वविदित है कि शरीर और मन का एकदम घनिष्ठ सम्बन्ध है। शरीर में बीमारी होने पर मन भी एकदम खराब हो जाता है। अगर मस्तिष्क में कोई रोग हो तो वो शरीर में प्रकट होगा जैसे डर जाने वाले बच्चे रात में चिल्लाकर उठ बैठते हैं या ठीक से सो नहीं पाते। कुछ बच्चों को मीठा अच्छा लगता है। चिड़चिड़े और परेशान स्वभाव के बच्चे बिस्तर में पेशाब करते हैं। ऐसे रोगों का इलाज कठिन है फिर भी होम्योपेथिक चिकित्सा ऐसे रोगों के लिए कारगर सिद्ध हुई है।

सोते-सोते बच्चे की गर्दन मुड़ जाए और वह इधर-उधर न घुमा सके तो **एस्कुलस 30** की दो मात्रा दें।

बच्चा अगर पेट के बल सोये तो **मेडोराइनम 30** की दो मात्रा दें।

बच्चा बार-बार चौकें, सोते-सोते चीखे, दाँत पीसे। **बेलाडोना 30** की दो मात्रा दें।

बच्चा सोना ही न चाहे उसे गोद में लेकर घुमाना पड़े। **कैमोमिला 6** की 2-3 मात्रा दें।

बच्चा दिन भर मस्त रहे, खेले परन्तु रात भर रोये, चिड़चिड़ा बना रहे। **जलपा 12** की दो मात्रा दें।

बच्चा दिनभर रोए, झींके और रात को चैन से सोये। **लाइकोपोडियम 30** की दो मात्रा दें।

शिशु चिल्लाये और नींद नहीं आए, जिसका कोई कारण न हो। **कोफिया 6** की 2-3 मात्रा दे देनी चाहिए या **ओपियम 6** की तीन मात्रा दें। इनसे नींद भी आ जाती है।

अगर शिशु रात को बहुत चिल्लाए और कारण समझ में न आए तो शिशु के पेट को मुलायम कपड़े से हल्का-हल्का रगड़ें और **बेलाडोना 6** की 2-3 मात्रा दें। या **कोलोसिन्थ 6** की तीन मात्रा दें या **नक्स वोम 6** की तीन मात्रा दें।

बच्चे का दिनभर खेलना, रातभर रोना **सोरिनम 30** की दो मात्रा दें। या **जेलापा 6** की 2-3 मात्रा दें।

बच्चा चौंक कर घबरा कर उठता है। **एल्यूमिना 30** की दो मात्रा दें।

मोटे थुलथुले बच्चों को जिनको नींद में सिर पर पसीना आने पर **कैल्केरिया कार्ब 30** की दो मात्रा दें।

दुबले पतले बच्चों में नींद में सिर पर पसीना आने पर। **साइलीशिया 30** की दो मात्रा दें।

बच्चे के मीठा खाने की प्रबल इच्छा रहे और जिनका पेट बाहर ना निकला हो जो सदैव गन्दे रहते हैं। **सल्फर 30** की दो मात्रा दें।

थुलथुले बच्चों की श्रेष्ठ दवा है जो बहुत ज्यादा पानी पीते हैं और जिन्हें पसीना अधिक आता है। **कैल्के कार्ब 30** की दो मात्रा दें।

पेशाब करने वाले बच्चे जो चिड़चिड़े व परेशान स्वभाव के हों। **इग्नेशिया 30** की दो मात्रा दें।

बिस्तर में पेशाब करने वाले बच्चे जिनके परिवार के लोग क्षय रोग से पीड़ित रहे हों। **बेसिलीनम 200** की एक मात्रा दें।

ऐसे बच्चे जिनके बड़े बूढ़े भी पेशाब को रोक सकने में असमर्थ रहे। **ओपियम 30** की दो मात्रा दें या **कोनियम 30** की दो मात्रा दें।

बिस्तर में पेशाब करने के रोग के साथ-साथ अगर बच्चे दूसरे अन्य रोगों से भी पीड़ित रहे या चर्म रोग दब जाने से पेशाब का रोग उत्पन्न हो जाए। **सोरिनम 200** की एक मात्रा दें।

बच्चों को नजर लगने पर **इग्नेशिया 1 एम** की एक खुराक देनी चाहिए।

बच्चे का पढ़ाई में मन न लगे और जो याद करे भूल जाए इन लक्षणों में **एनाकार्डियम 30** की दो मात्रा दें।

शारीरिक व मानसिक दृष्टि से अगर बच्चा पिछड़ा हुआ है और सदैव टांसिल से पीड़ित रहता है। **बैराइटा कार्ब 30** की दो मात्रा दें।

बच्चे में दिमागी कमजोरी और एकाग्रता न हो। **एथूजा 30** की दो मात्रा दें।

बच्चा पढ़ाई के समय सदैव सिर दर्द बतलाए। **फॉसफोरिक एसिड 6** की 2-3 मात्रा दें।

बच्चा जरा सी भी डाँट-डपट बर्दाश्त नहीं कर सके। **मेडोराइनम 30** की दो मात्रा दें या **नैट्रम सल्फ 30** की दो मात्रा लक्षणानुसार दें।

बच्चों का चिढ़ना परेशानी का कारण हो। **इग्नेशिया 6** की 2-3 मात्रा दें।

जिस बालक की जन्म से ही स्नायु शक्तिहीन हो, मस्तिष्क दुर्बल हो। गूंगे व बहरे बच्चे जो मूडी हों और नाटे कद के हों व देर से चलना सीखें। **बैराइटा कार्ब 6** की दो मात्रा दें।

टीका लगने के बाद में जब शारीरिक व मानसिक समस्या उत्पन्न हो जाती है। **साइलीशिया 200** की दो मात्रा दें।

जिन बच्चों में टी.बी. की अनुवांशिकता पाई जाती है उन्हें दी जानी चाहिए। **बेसिलीनम 200** की एक मात्रा।

किसी त्वचा रोग के दबने से कोई दूसरी बीमारी हो जाए तब देनी चाहिए।

सोरिनियम 200 की एक मात्रा।

बच्चों को पेट के कीड़ों के कारण रोग हो, जिसमें पेशाब कुछ समय रखने पर दूध के समान हो जाए। **सीना 200** की एक मात्रा दें।

पेशाब गहरा व जिससे तीव्र बदबू (घोड़े के पेशाब के समान) आती हो। **बेंजोइक एसिड 6** की तीन मात्रा दें।

बिस्तर में पेशाब करने का रोग टीका लगने के कारण से उत्पन्न हुआ हो तो **साइलीशिया 200** की एक मात्रा दें।

10. सिरदर्द
(Headache)

सिरदर्द कोई रोग नहीं है यह अन्य अनेक रोग भोगने का परिणाम होता है।

सिरदर्द के अनेक कारण होते हैं जैसे सिर में अधिक रक्त संचय, स्नायु मण्डल की गड़बड़ी, रक्त स्वल्पता, वात आदि।

चार वर्ष से कम उम्र वाले बच्चे सिर दर्द की बीमारी को बता नहीं सकते परन्तु कुछ लक्षणों से अनुमान लगाया जा सकता है कि बच्चे के सिर में दर्द हैं। जैसे बच्चा लेटने की इच्छा रखता है और सिर को एक प्रकार साध कर रखने की कोशिश करता है। बच्चा बेचैन और परेशान दिखता है सिरदर्द और चोट लगने के कारण भी हो सकता है। धूप और गर्मी भी सिरदर्द का कारण हो सकता है।

बच्चे में चोट लग जाने के कारण सिरदर्द व बुखार। **आर्निका 30** दिन में दो बार दें।

सिर में टपकन वाला दर्द, सिरदर्द में मुँह लाल, आँखों की पुतलियाँ फैली हुई और उनमें चमक, सोते-सोते चिल्ला उठना। सिर का दर्द ठण्ड लगने के कारण। **बेलाडोना 30** की 2-3 मात्रा दें।

ठण्ड के कारण बच्चा सिरदर्द ऐसा महसूस करे कि उसके सिर को किसी तार ने जकड़ लिया है। बच्चा चुपचाप पड़ा रहता है, बदन में दर्द व रीढ़ की हड्डी में ठण्ड का आभास, गला पका रहता है। **जेल्सेमियम 30** दिन में दो बार दें।

सूर्य की रोशनी या गर्मी के कारण सिरदर्द, जिसके कारण बच्चा मूर्छित हो जाता है और अपना सिर सीधा नहीं रख सकता। चेहरा पीला दिखता है। **ग्लोनाइन 30** की 2-3 मात्रा दें।

पित्त के कारण उलटी और सिरदर्द। **आइरिस वर्स 30** दिन में दो बार दें।

पेट की गड़बड़ी के कारण सिरदर्द। **नक्स वोमिका 30** दिन में दो बार दें।

वसा युक्त पदार्थ खाने से सिरदर्द। **पल्साटिला 30** दिन में दो बार दें।

मेरुदण्ड व स्नायु मण्डल के रोग
(Spinal cord and nervous system ailments)

1. बच्चों में अकड़न व ऐंठन
(Cramps and convulsion in children)

बच्चों में स्नायुमण्डल अत्यन्त कोमल होता है साधारण कारणों से यह उत्तेजित हो जाता है। इस उत्तेजना के कारण बच्चों में ऐंठन या अकड़न हो जाती है। दाँत निकलते समय, कृमि के कारण, पाकस्थली की गड़बड़ी, चोट, भय अथवा साधारण उत्तेजना के कारण ऐंठन हो जाती है। साधारण भाषा में इसे लोग फिट्स **(fits)** भी कहते हैं।

बच्चों में ऐंठन के साथ बुखार, त्वचा सूखी और गरम, बच्चे में उत्सुकता और बेचैनी, दाँत किटकिटाना और कभी-कभी हिचकी भी रहती है। **एकोनाइट 6** की दो मात्रा दें।

चोट लगने या गिरने के कारण ऐंठन हो जाय तो **आर्निका 200** की एक मात्रा दें।

ऐंठन के साथ-साथ मुँह व आँखें लाल और फैली हुई। सोते समय चौंके, नींद लेने की कोशिश करने पर नींद ना आए, अधिकतर ऐंठन के समय मुँह से झाग निकले। **बेलाडोना 30** की तीन मात्रा दें।

ऐंठन के समय हाथ पैर फैलाए या मरोड़े एक गाल लाल दिखे, बच्चा चाहे कि उसे इधर-उधर लेकर घुमाया जाए। माथे पर ठण्डा पसीना आए। **कैमोमिला 12** की 2-3 मात्रा दें।

हाथ पैर लाल और उनमें ऐंठन। इस प्रकार की परेशानी बच्चों में पेट में कृमि (एस्केरिस) होने से होती हैं, गले में कोई चीज अटकी-सी मालूम होती है। पेशाब दूध के समान सफेद। **सीना 200** की एक मात्रा दें।

मांसपेशियों में ऐंठन व झटके। मुँह से झाग और कम्पन ऐसा लगे कि बच्चा डर गया हो, लेटने से खाँसी बढ़े और बैठने से आराम मिले। **हायोसाइमस 30** की दो मात्रा दें।

बच्चा सोते-सोते चौंक पड़े और जोर से चिल्लाए। ऐंठन केवल एक भाग में हो। इस प्रकार की ऐंठन निश्चित समय पर आए। **इग्नेशिया 30** की दो मात्रा दें।

सारे शरीर में कम्पन व हाथ पैरों को इधर-उधर फेंकना, बच्चा बेहोश हो जाए और साँस लेने में कठिनाई हो। **ओपियम 30** सुबह और शाम दो मात्रा दें।

डर के कारण ऐंठन का रोग उत्पन्न हुआ हो। जिसमें बच्चा हाथ पैर फेंके व

अचानक ही मल-मूत्र त्याग दे। आँखें भर कर देखे जैसे कि वह किसी चीज से डर रहा हो। रोग का कारण किसी चर्म रोग का दबना भी हो सकता है। **स्ट्रामोनियम 30** की दो मात्रा दें।

बच्चे में ऐंठन, हाथ पैर पटके, पसीना आए। रात को चौक कर उठ जाए, काँपने लगे सोते वक्त सुबके व चिल्लाये। दाँतों के निकलते समय बच्चों को उल्टी व उबकाई व साथ-साथ दस्त भी हो, दस्त का रंग बदलता रहे। खाँसी के साथ घड़घड़ाहट। **इपिकाक 6** की 2-3 मात्रा दें।

2. शिशु के मेरुमज्जा में जल संचय से विभाजित मेरु (Spinal bifida)

गर्भावस्था में शिशु की मेरु प्रणाली **(Spinal cannal)** में जल संचय हो जाता है जिससे रीढ़ की हड्डी में अपूर्णता आ जाती है और वह अलग दिखाई देती है।

तुरन्त पैदा हुए शिशु में बीमारी का स्थान अर्बुद **(Tumour)** की तरह फूल जाता है। **केल्केरिया फॉस 3x** विचूर्ण देने से हड्डी दोष दूर हो जाता है और **एपिस-3** के देने से बाहरी अर्बुद अच्छा हो जाता है। इन दवाइयों को अधिक समय तक देना चाहिए और तब तक देना चाहिए जब तक दोष मुक्त न हो जाए।

आँखें व दृष्टि रोग
(Eye and vision diseases)

1. बच्चे की आँख में गुहरी (Stye in eye)

आँख में बार-बार गुहरी निकलती है। निकल कर कड़ी हो जाती है और कभी कभी पक जाती है। चाहे गुहरी नीचे हो या ऊपर वाली पलक पर हो। **पल्स 3** या **स्टेफिसगेरिया-3** चार-चार घण्टे से चार बार दें।

अगर **पल्स** और **स्टेफिसगेरिया** से लाभ न हो तो **हिपर सल्फ-6** छः-छः घण्टे के अन्तर से तीन बार दें।

अगर किसी धातु विशेष वाले बच्चे की गुहरी किसी प्रकार ठीक न हो तो **थूजा 30** अथवा **सल्फर 30** का प्रयोग दिन में दो बार करें।

2. बच्चों की आँख में जख्म
(Wound in eye)

बिना दर्द के आँख में जख्म। **काली ब्रोम 30** दिन में तीन बार दें।

आँख में दर्द के साथ जख्म। **कोनियम 6** दिन में तीन खुराक चार-चार घण्टे के अन्तर से दें।

आँख के पलकों में छोटी-छोटी फुन्सियाँ, प्रदाह और जख्म होने पर। **जेक्रिटो 1x** चार घण्टे के अन्तर से दें।

3. आँख में दर्द
(Pain in eyes)

आँख में कुचलने जैसा दर्द। **आर्निका 3** अथवा **जेल्स 3** चार-चार घण्टे के अन्तर से दें।

आँख में काँटा गड़ने का सा दर्द। **थूजा 30** या **एसिड नाइट्रिक 30** अथवा **हिपर सल्फ 6** चार-चार घण्टे के अन्तर से दें।

आँख में सुई चुभने का सा दर्द। **नाइट्रिक एसिड 30** दिन में तीन बार दें।

आँख में तीर चुभने का सा दर्द। **एपिस मेल 6** चार-चार घण्टे से दें।

आँख में नोचने फाड़ने का सा दर्द। **पल्स 3** अथवा **आरम मूर 30** तीन-तीन घण्टे के अन्तर से दें।

आँख में टपकने जैसा दर्द जो सेंकने से बढे। **हिपर सल्फ 30** तीन घंटे के अन्तर से दें।

आँख में असहनीय दर्द। **केमोमिला-12** चार घण्टे के अन्तर से दें।

आँख में ठीक एक समय पर होने वाला दर्द। **सिड्रान-6** तीन बार दिन में दें।

आँख में दर्द एकदम बढ़े व घटे। **बेलोडोना-6** चार घण्टे के अन्तर से दें।

आँख में दर्द धीरे-धीरे बढ़े व धीरे-धीरे घटे। **स्टैनम-6** दिन में तीन बार दें।

आँख के चारों और दर्द विशेषकर बाईं आँख में। **स्पाइजिलिया-3** दिन में तीन बार दें।

आँख में दर्द के बाद उस जगह का सुन्न पड़ जाना। **मेजेरियम-30** दिन में तीन बार दें।

आँख के बाहर दर्द के फैलने पर। **ऐसाफोटिडा-3** दिन में तीन बार दें।

आँख में अकड़न और दर्द भीतर की ओर। **ऐसिड फास-6** दिन में तीन बार दें।

आँख में अकड़न और दर्द बाहर की ओर। **लाइको-12** दिन में तीन बार दें।

सूरज या गैस की रोशनी की तरफ देखने से आँख में दर्द बढ़ना। **सल्फर-30** दिन में दो बार दें।

धूप या तेज रोशनी से आँख में दर्द बढ़ना। **मर्क 3** दिन में तीन बार दें।

रात के समय आँख में दर्द। **सिफलिनम-30** दिन में तीन बार दें।

सेंकने से आँख का दर्द बढ़ना। **सल्फर-30** दिन में तीन बार दें।

आँख में अकड़न अथवा दर्द बढ़ना। **ब्रायोनिया-3,** या **6** दिन में तीन बार दें।

आँख में अकड़न अथवा दर्द, बच्चा आँख छूने तक न दे। **बेलाडोना-3** दिन में तीन बार दें।

आँख में अकड़न जैसा अनुभव हो। **अर्जे नाई-6** दिन में तीन बार दें।

आँख सेंकने से दर्द कम होना। **हिपर सल्फर-6** चार घण्टे के अन्तराल से दें।

4. आँख का प्रदाह
(Inflammation of eye)

बच्चों में नेत्र प्रदाह की उत्तम दवा है **अर्जे नाईट्रिकम** इसे चार चार घण्टे के अन्तर से दें।

बच्चों में नेत्र प्रदाह का कारण सर्दी, ओस या अधिक रोशनी लगने से हो, बेचैनी, नींद न आना, आँख से अधिक पानी गिरना, पुतलियों का लाल हो जाना इन लक्षणों पर **एकोनाइट 3** तीन बार चार-चार घण्टे के अन्तर से दें।

नेत्र प्रदाह चेचक की बीमारी के बाद हो। **एपिस मेल 3,** तीन बार चार-चार घण्टे से दें।

नेत्र प्रदाह चोट लगने के कारण। **अर्निका 3** चार-चार घण्टे से दें।

पलकों का फूलना तथा लाल होना, और कभी-कभी रक्त स्राव होने पर। **बेलाडोना 3** चार-चार घण्टे से दें।

पलकों की सूजन और उनकी जड़ों में पीप इकट्ठा हो जाने पर **मर्कसोल 6,** चार-चार घण्टे से दें।

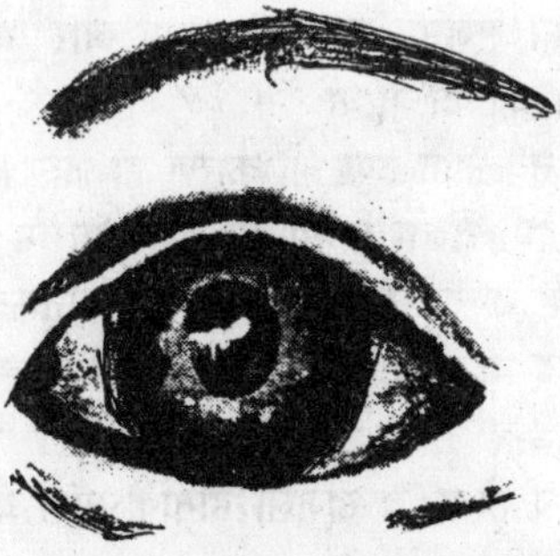

आँख के रोग

(Diseases of Eye)

5. बच्चों की आँख से पानी गिरना (Lachrymation from eye)

आँख से पानी गिरना। **आर्स-30** चार घण्टे के अन्तर से दें।

आँख से गर्म पानी गिरना। **पल्स-3** चार घण्टे के अन्तर से दें।

आँख से तेल जैसा पानी गिरना। **सल्फर-30** चार घण्टे के अन्तर से दें।

6. आँख के सामान्य रोग (General diseases of eye)

आँखें शरीर का एक विशेष अंग हैं जिसके द्वारा हम एक दूसरे को और सब कुछ देख सकते हैं। आँखों में विभिन्न प्रकार के रोग हो जाते हैं जिनके अनेक कारण होते हैं जैसे मस्तिष्क के रोग, रक्त स्राव, उन्माद रोग, पारी वाला ज्वर, आमाशय की गड़बड़ी, ऐंठन के दौरे, मस्तिष्क में रक्त संचय होना, धुएँ में काम करना, गर्मी सर्दी होना, आदि।

जब बच्चे की आँख से पानी बहे। **नैट्रम म्यूर 30** की 2-3 मात्रा दें।

शिशु की आँखें सूज जाएँ जिसका कारण तेज प्रकाश हो। आँखें लाल और आँख से स्राव बहे। **एकोनाइट 6** की 2-3 मात्रा दें।

शिशु की आँखों की पलकें सूज जाएँ उनसे खून आए। सुबह के समय चिपक जाएँ और पीले रंग का स्राव आए। **कैमोमिला 6** की 2-3 मात्रा दें।

शिशु की आँखें अधिक लाल और उसमें से गाढ़ा मवाद आए। **पल्स 6** की 2-3 मात्रा दें।

बच्चे में ठण्ड के कारण आँख सूजना जिसके कारण बच्चा बेचैन रहे। आँख लाल हो जाए। बच्चा प्रकाश की तरफ देखना पसंद नहीं करता। कभी-कभी आँख से खून आए। **बेलाडोना 30** की 2-3 मात्रा दें।

ऊपर की पलकों का सूजना, लाल हो जाना और आँख से चिपचिपा पदार्थ निकले। **कैल्के कार्ब 30** की दो मात्रा दें।

बच्चों में आँख की तकलीफ ठण्ड के कारण हो जाए। खून निकले और ठण्डी रहे, खोलने में कठिनाई हो। बच्चा किसी भी तरह आराम महसूस ना करे। पलकें अधिक सूज जाएँ। उसके अन्दर से चिपचिपा पदार्थ निकले, जिसके कारण आँख के चारों तरफ सफेद-सफेद पदार्थ की पपड़ी जम जाती है। **मर्क बाइवस 30** की 2-3 मात्रा दें।

आँख में सूजन, लाल होना, व खुजली होना। आँख के किनारे सूखे-सूखे से। **सल्फर 200** की एक मात्रा सुबह दें। (वे बच्चे जिनके माता-पिता चर्म रोग से ग्रसित हों तो यह दवा अति उत्तम है)।

आँख पर बच्चे की मुट्ठी से चोट लग जाए। **सिम्फाइटम 200** की एक मात्रा दें।

कान के रोग

(Ear diseases)

1. बच्चों के कान में दर्द
(Earache)

बच्चे को ठण्ड लगने पर, सर्दी या चेचक निकलने पर, कान में पानी भरने पर या दाँत निकलते समय कान में दर्द हो जाता है।

बच्चा कान पर हाथ लगते ही चिल्ला उठता है तो समझना चाहिए कि उसके कान में दर्द है। अगर कान दर्द सर्दी के कारण हो तो **एकोनाइट 3** की 2-3 मात्रा देनी चाहिए।

कान फूल कर लाल और गर्म हो जाए। बच्चा कान के दर्द से चिल्लाता है तब। **बेलाडोना-3** की 3-4 मात्रा देनी चाहिए।

कान में दर्द बच्चे के दाँत निकलते समय होने पर **केमोमिला-12** की 2-3 मात्रा दें।

बच्चे के कान में असहनीय दर्द होने पर **मेगनिशियम फास 12x** विचूर्ण गर्म पानी में डालकर उस पानी को पिलाना चाहिए इससे तुरन्त आराम होता है।

2. शिशुओं/बच्चों में कान का दर्द और सूजन
(Pain and inflammation of ear)

सर्दियों के दिन में ठण्डी हवा लगने पर, बरसात में तर हवा, ओस लगने पर और कान में चर्म रोग के दाने बैठ जाने पर यह बीमारी होती है।

कान में जलन, टपकन वाला दर्द, कान भीतर से और बाहर सूजा हुआ और गर्म। जिसके साथ बुखार आता है। कान का दर्द और प्रदाह के लक्षण एक ही होते हैं। अन्तर केवल इतना होता है कि कान प्रदाह में टपकन वाला दर्द होता है और कान दर्द में एकदम काटे बिंधने वाली तकलीफ होती है। इन दोनों बीमारियों की दवाइयाँ करीब-करीब एक होती हैं।

कर्ण शूल और प्रदाह में **पल्सेटिला-3** की 2-3 मात्रा दिन में देने से और **पल्सेटिला Q** की 2-3 बूँद कान में डालने से दोनों बीमारियों में आराम आ जाता है।

यदि जाड़ों के दिनों में कर्ण शूल और प्रदाह हो जाए और बुखार रहने लगे तब **एकोनाइट-6x** की 2-3 मात्रा देनी चाहिए।

कान पर चोट लगने पर कर्ण शूल और प्रदाह हो जाए तब **आर्निका-3** की 2-3

मात्रा दें। कान में भीतर का प्रदाह होकर कान में दर्द और बाहर जलन, गाल और दाँत में भी फट पड़ने वाला दर्द रहना। **मर्क वाइवस 3x** की दो-तीन मात्रा देने से आराम आता है।

3. कान पकना या कान में पीप होना (Pus in ear)

चेचक, बुखार, बीमारी आदि के कारण से बच्चों के कान से पीप बहने लगता है।

छोटी माता या चेचक निकलने के बाद कान पक जाते हैं और पीप बहने लगता हैं तब। **पल्सटिला-3** की 2-3 मात्रा देने के बाद **सल्फर 30** की दो तीन मात्रा देनी चाहिए।

कान से पीप बहने के साथ सिर में दर्द **बेलोडोना 3** की 2-4 मात्रा देनी चाहिए।

बच्चे के कान से पीप गाढ़ा और बदबूदार आता है रात में रोग की वृद्धि होती है। **मर्क सोल 3** की 2-3 मात्रा कुछ समय तक दें।

4. शिशु के कान में मैल (Wax in ear)

बहुत दिनों तक कान पका रहने पर कभी-कभी कान में मैल पैदा हो जाता है कुछ बच्चों में समय-समय पर मैल स्वयं कान में इकट्ठा होने लगता है। कान में मैल जमने पर **स्टेफिसेग्रीया-3** की 2-3 मात्रा प्रतिदिन सेवन कराने से कान में मैल नहीं रहता है।

कान में मैल अकसर इकट्ठा होने पर **कोनियम 30** की 2 मात्रा प्रतिदिन देने से कान का मैल खत्म हो जाता है।

5. कान के सामान्य रोग (General ailments of ear)

बच्चों में कान के रोगों के विभिन्न कारण हैं जैसे कान में मैल जम जाना, कान से रक्त स्राव, जुकाम, सर्दी लगना, कान पर चोट लगना, तेज आवाज कान में जाना, कान में मवाद पड़ना, बच्चों में रक्त स्वल्पता या उनका गन्दे वातावरण में रहना आदि।

कान के रोग
(Ailments of Ear)

अगर शिशु के कान में दर्द हो और कारण न पता हो तो **एकोनाइट 6** और **कैमोमिला 6** पर्यायक्रम से 2-2 मात्रा दें।

शिशु के कान से पीप आए तो। **सल्फर 6** की दो मात्रा और **मर्क 6** की दो मात्रा पर्यायक्रम से दें या **हिपर**

सल्फ 6 की दो मात्रा दें।

चोट लगने के कारण अतिरिक्त स्राव होने पर **आर्निका** के बाद। **मिलीफोलियम-30** को दो मात्रा दें।

उँगली के दब या कुचल जाने पर **हाईपेरिकम-30** की 2-3 मात्रा दें।

चोट लग जाने पर टिटनस के बचाव के लिए। **आर्निका 30** देने के 30 मिनट बाद **लिडम पाल-30** की 2 मात्राएँ दें।

चोट लगने और गहरा धक्केदार रक्त स्राव होने पर **हेमामिलिस-30** की 2-3 मात्रा दें।

चोट लगने और मोच आने पर **रूटा-30** की 2 मात्रा दें।

चोट के कारण रगड़, रक्त स्राव और घाव होने पर **केलेन्डूला** मदर टिंचर या उसको मरहम लगाये।

नाक, गला व स्वरयंत्र के रोग
(Diseases of nose, throat and larynx)

1. बच्चे के गले का पकना
(Sore throat)

बच्चों में किन्हीं कारणों से गला पक जाता है जिसके कारण बच्चा परेशान रहता हैं। पानी पीते समय चिल्लाता है। गाल लाल हो जाता है। **एकोनाइट-6** की 3-4 मात्रा खिलाएँ।

अगर बीमारी में बच्चे का गला गहरा लाल हो और बच्चे को पसीना आना बन्द हो जाए। रात को शरीर सूखा व गरम रहे। **रस टोक्स-6** की 1-2 मात्रा कुछ दिन तक दें पूर्ण फायदा न होने पर **ब्रायोनिया-6** दें।

बच्चे का गला चमकदार लाल हो और आँखें कुछ छोटी दिखाई दें। बच्चे को अधिक पसीना आए। **बेलाडोना-6 की** 1-2 मात्रा प्रतिदिन कुछ समय तक दें फायदा न होने पर **मर्क सोल-6** दें।

2. बच्चे की नाक के अगले भाग की परेशानियाँ
(Ailments at the tip of the nose)

बच्चे की नाक का अगला भाग लाल और उसमें खुजली रहे। **साइलीशिया 6** दिन में दो या तीन बार दें।

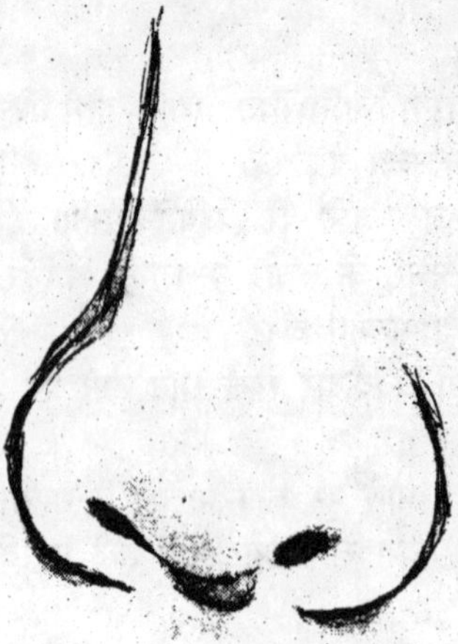

नाक के रोग
(Ailments of Nose)

नाक के अगले भाग में खिंचाव और साथ में खुलजाहट होने पर **कार्बो ऐनिमेलिस** 6 दिन में तीन बार दें।

नाक के अगले भाग में जलन करने वाला दर्द। **एसिड आँक्जेलिक** 6 दिन में तीन खुराक दी जाए।

नाक के अगले भाग पर छोटी-छोटी फुंसियाँ पैदा हो जाना। **ऐमोन कार्व** 6 और अगर फुंसियाँ पीप वाली हों तो **काली ब्रोम 3x** तीन बार दें।

नाक के अगले भाग पर फोड़ा व खिंचाव होने पर **बोरेक्स** 3 तीन खुराक दिन में तीन बार दें।

नाक का अगला भाग लाल और उसके साथ बुखार। **केप्सिकम** 3 दिन में दो बार दें।

3. बच्चों की नाक से खून गिरना (Epistaxis)

गिर जाने, चोट लगने, अधिक कमजोरी आदि से बच्चों की नाक से खून गिरने लगता है।

किसी तरह चोट लगने या लड़ाई करते समय बच्चे की नाक पर धूँसा या और कोई चीज नाक पर लग जाने पर नाक से खून निकलने लगे। **आर्निका 3** की तीन चार मात्रा देनी चाहिए।

बच्चों की नाक से यकायक खून गिरने पर **मिलिफोलियम Q** की 2 बूँद पानी में डालकर जल्दी-जल्दी दें।

सवेरे उठते ही बच्चे की नाक से खून गिरने लगे तब **ब्रायोनिया 3** की तीन-चार मात्रा जल्दी-जल्दी दें। अगर रात के समय खून गिरे तो **मर्क बाइवस 6x** की खुराक हर 15 मिनट के अन्तर से दें।

4. बच्चे की नाक में घाव
(Wounds in the nose)

बच्चा में नाक के घाव का कारण सिर में सर्दी लगना इन घावों से अधिक तकलीफ होती है और बच्चा परेशान रहता है।

बच्चे की नासारंध्र में घाव या पीप भरी फुन्सियाँ और सड़ना आरम्भ होने लगे तो **कालि-बाईक्रोम 3** की 2-3 मात्रा दें।

बच्चे की नासारंध्र में छोटे-छोटे घाव और उनमें पपड़ी जमें तब **नाइट्रिक ऐसिड-30** की दो मात्रा प्रतिदिन देनी चाहिए।

5. बच्चों की नाक की जड़ पर दबाव
(Pressure at the root of the nose)

बच्चा नाक की जड़ में दबाव महसूस करे और परेशान रहे **काली बाइक्रोम-3** की 2-3 मात्रा दें।

बच्चे की नाक की जड़ में दबाव साथ में दर्द रहे **केप्सिकम-3** की 3-4 मात्रा देनी चाहिए।

6. बच्चे की नाक पर पीप भरी फुन्सियाँ
(Boils with pus on nose)

बच्चे की नाक पर अगर पीप भरी फुन्सियाँ निकल आएँ या निकलती रहें तब **पेट्रोलियम 3** की 2-3 मात्रा दें।

7. बच्चे की नाक फूलना
(Inflammation of nose)

बार-बार सर्दी लगने से नाक फूल जाती है जो बच्चे गण्डमाला से ग्रस्त रहते हैं उनकी नाक अक्सर फूल जाती है।

बच्चे की नाक फूलने पर जब विशेषकर नाक से पतला पानी आए और नासिका की हर हड्डियों में दर्द रहे। **मर्कसोल 6** की 2-3 मात्रा दें। अगर फायदा न हो या थोड़ा फायदा हो तो **हिपर सल्फ 6** की 2 मात्रा प्रतिदिन दें।

8. शिशु की नाक बन्द होना
(Obstruction of the nose snuffles)

नाक की श्लेष्मा झिल्ली के सूजने और मोटे हो जाने से शिशु की नाक बन्द हो जाती है जिसके कारण से शिशु को साँस लेने में व छोड़ने में कठिनाई होती है। दूध खींचने और नींद में भी कठिनाई होती है। कभी-कभी नाक से साँय-साँय शब्द होता है और कभी-कभी बलगम निकलता है।

शिशु की नाक सूखी होने पर **सेम्बुकस-3** की 2-3 मात्रा देनी चाहिए।

नाक बन्द होने के साथ छाती से घड़-घड़ की आवाज आए। **एण्टिम टार्ट-6** की 1-2 मात्रा देनी चाहिए।

नाक बन्द और नाक से पतला पानी अधिक मात्रा में निकलने पर **केमोमिला-12** की एक या दो मात्रा दें।

शिशु की नाक में रुकावट लेकिन नाक से बिलकुल पानी न आए। सुबह के समय थोड़ा आए और रात भर नाक बन्द रहे। **नक्स वोम 30** की दो मात्रा देनी चाहिए।

शिशु की नाक सदैव ही शाम को बन्द हो जाए। **कार्बो वेज-6** मात्रा देनी चाहिए।

शिशु की खुली हवा में नाक बन्द हो जाए। **डल्केमारा-6** की 2-3 मात्रा दें।

शिशु की नाक बन्द हो जाना और नाक से जलन पैदा करने वाला और छीलने वाला पानी निकले। नाक के आस-पास थोड़ी सूजन हो जाए। **आर्सनिक 30** की एक दो मात्रा दें। अगर इससे आराम न आए तो इसकी 200 की एक खुराक दें। परन्तु पूर्ण फायदा न होने पर इसके बाद **ऐपीकाक 6** की 2-3 खुराक देने से आराम आ जाएगा।

9. बच्चों की नाक लाल होना
(Reddishness of the nose)

भोजन के बाद अगर बच्चे की नाक लाल होती है तो **एपिस मेल 3x** की 2-3 मात्रा दें।

अगर नाक का रंग गहरा लाल या काला लाल हो जाए तो **कार्बो वेज 6** या **बोरेक्स 6** की 2-3 मात्रा दें।

10. स्वरयन्त्र का प्रदाह
(Laryngitis)

स्वरयन्त्र की झिल्ली फूल जाती है इसको लैरिंजाइटिस कहते हैं। इसके कई कारण होते हैं जैसे ठण्ड लगना, मौसम का बदलना, वर्षा में भीग जाना। शीत वाले स्थान

में रहना आदि।

ज्वर रहे और स्वर भंग होना। भूख कम, श्वास कष्ट, गला खरखराना, जलन, सूखी खाँसी आदि इसके प्रधान लक्षण हैं।

ठंड लगने से रोग उत्पन्न हो। ज्वर, बेचैनी, गले में दर्द, रुक रुक कर सूखी खाँसी। **ऐकोनाइट-3x** की 2-3 मात्रा दें।

तेज बुखार, चेहरा लाल, कुत्ता भौंकने जैसी खाँसी गले में दर्द। **बेलाडोना 3x** की 2-3 मात्रा दें।

शिशु का स्वर रुक जाए। दाहिने गले में पीड़ा। गले से जैली की तरह सवेरे श्लेष्मा निकले। खाँसने से गले में पीड़ा। **अर्जेण्टम मेट-6** की 2-3 मात्रा दें।

सरल खाँसी, स्वर भंग, सूखी शीतल वायु में रोग बढ़े और गर्म से घटे। **हिपर सल्फ 6x** की 2 मात्रा दें।

कुत्ता भौंकने जैसी सूखी खाँसी। साँस लेने में कष्ट। स्वरभंग, स्वरयंत्र का फूलना व दर्द। गले में सुरसुराहट और साँय साँय का शब्द, रात में पसीना। **आयोडियम 6x** की 2-3 मात्रा दें।

रात में अकस्मात् जाग कर शिशु खाँसते-खाँसते नीला पड़ जाता है। श्वास बन्द हो जाती है। जिसके कारण हिचकी आने लगती है। ऐसा लगने लगता है कि शिशु अभी मर जाएगा, नाक बन्द होने के कारण मुख से साँस लेता है। **सेम्बुकस-6** की 2-3 मात्रा दें।

कुत्ता भौंकने या आरी खींचने जैसी आवाज की खाँसी। सोते समय एकाएक दम रुकने का भाव। **स्पाँजिया-6** की 3 मात्रा दें।

11. नाक के सामान्य रोग
(General ailments of nose)

बच्चों में नाक के रोग के मुख्य कारण नाक या सिर पर चोट लगना। कमजोरी, अधिक गर्मी में रहना। पेट में कृमि होना। नाक में गँठाने और पीप होना। पानी में भीग जाना। सर्दी लगना, नाक की झिल्ली का प्रदाह आदि प्रमुख है।

नाक के स्वर में बोले और स्वयं नाक साफ न कर पाए तो **एमोनियम कार्ब-30** की दो मात्रा दें।

बच्चों की नकसीर छूटने पर **फेरम फॉस 6** की 2-3 मात्रा दें या **मिलीफोलियम-6** की दो मात्रा दें।

शिशु की नाक बंद। ठण्ड का प्रभाव। नाक के नथुने बन्द दिखे तो **नक्स वोम 6** की 2-3 मात्रा दें या **मर्कसोल-6** की दो मात्रा दें।

शिशु की नाक बन्द हो जाए और नाक से पतला पानी बहे तो **कैमोमिला-6** की 2-3 मात्रा दें और अगर तकलीफ शाम को बढ़े तो **कार्बो वेज-6** की 2-3 मात्रा दें।

शिशु की नाक बहे जिसके साथ-साथ खाँसी हो और छाती में कफ घड़घड़ करे। कष्ट रात में बढ़े तो **एण्टीमोनियम टार्ट 6** की तीन मात्रा दें।

मौसम बदलने के कारण नाक से पतला पानी आए नाक में रुकावट महसूस हो, जिसके कारण बच्चा चिड़चिड़ा हो जाए। **कैमोमिला-12** की दो मात्रा दें।

हर ठण्डे मौसम में बच्चे के नाक में रुकावट, नाक सूखना, ठण्डी हवा लगने से। **डल्कामारा-6** की तीन मात्रा दें।

रात को नाक सूख जाना व सुबह नाक बहे और बच्चे को कब्ज रहे। **नक्स वोम 200** की एक मात्रा रात में दें।

रात को नाक में रुकावट जिसके कारण रात को श्वास नली में रगड़ की आवाज आए। **एण्टिम टार्ट-6** की 2-3 मात्रा दें।

मसूड़े, मुँह, दाँत व जीभ के रोग
(Diseases of gums, mouth, teeth and tounge)

1. दाँत सम्बन्धित रोग
(Diseases related to teeth)

बच्चों के दाँत निकलते समय अनेक उपसर्ग हो जाते हैं। जैसे बुखार, कब्ज, आँख आना, दाँत देर से निकलना, कीड़ा लगना, आदि। इसका उपचार करना आवश्यक है वरना बच्चा अधिक परेशान रहता है।

बच्चों के दाँतों में कीड़ा लग जाए तो दाँत में **क्रियोजोटम मदर टिंचर** लगाएँ या **स्टेफिसेग्रिया 30** की दो मात्रा दें। कमजोर बच्चे को **चायना मदर टिंचर** की दो मात्रा दी जानी चाहिए।

बच्चों के दाँत निकलते समय और गर्मी में पतले दस्त हों तो **इथूजा 30** की दो मात्रा और **पोडोफाइलम 30** की दो मात्रा दें। यह दवाएँ उत्तम हैं।

दाँत निकलते समय अथवा किसी बीमारी के कारण बच्चा बेहद चिड़चिड़ा हो जाए, माँ, बाप की गोदी में रहना चाहे और उतरना ही न चाहे और माँ का पल्लू पकड़े रहे। **कैमोमिला 30** की दो मात्रा दें।

बच्चों के दाँत देर से निकलें अथवा दाँतों में कीड़ा आदि लग जाता हो **कैल्केरिया फॉस उच्च शक्ति 200** की एक मात्रा दें।

बच्चों में दाँत निकलते समय अनेक प्रकार की कठिनाई और रोग हो जाते हैं जिसके कारण बच्चे को अधिक कठिनाइयाँ जैसे बेचैनी, पेट में गड़बड़, मसूड़ों में

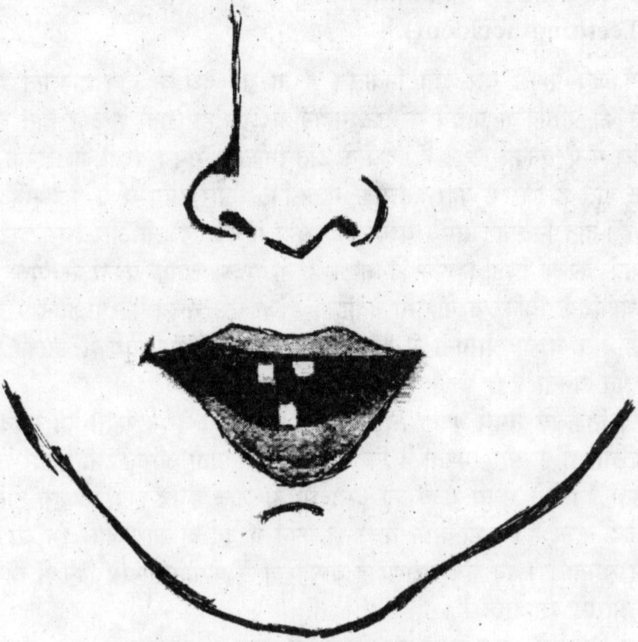

दाँत सम्बन्धित रोग
(Diseases of Teeth)

सूजन, जिसके कारण दूध नहीं पी सकता। **एकोनाइट 6** की तीन मात्रा दें।

बच्चों में दाँत निकलने के कारण अकड़न और अकड़न के बाद बच्चा ज्यादा देर तक सोता रहता है, ऐसा लगता है कि बच्चा डरा हुआ सा है आँख की पुतली फैल जाती है, सारा शरीर गरम (लाल) व सख्त हो जाता है और सिर भी गरम हो जाता है। **बेलाडोना 6** की 2-3 मात्रा दें।

जिन बच्चों में दाँत बहुत धीरे-धीरे निकलते हैं, जिनका रंग साँवला और बच्चा थुलथुला और मोटा। शरीर से खट्टी बदबू और पसीना आए। **कैल्के कार्ब 200** की एक मात्रा दें।

रात को दाँत निकलते समय ज्यादा परेशान रहे। हाथ पैर पटके। जरा-सी आवाज से चौंक पड़े। छाती में घड़घड़ाहट। दस्त पतले पानी की तरह हरे रंग के जो रात को ज्यादा आएँ जिनमें बदबू हो। **कैमोमिला 6** की 2-3 मात्रा दें।

2. बच्चों में दाँतों का निकलना
(Teething accident)

बच्चों में जब पहली बार दाँत निकलते हैं तो वह दूध के दाँत कहलाते हैं दाँत निकलने की प्रतिक्रिया पाँचवें या छठे महीने से शुरू हो जाती है और दाँत लगभग तीन साल में पूरे निकल आते हैं। दूध के दाँत निकलते समय बच्चों को अनेक प्रकार के कष्ट होते हैं जिसके कारण उसके माता-पिता और स्वयं बच्चे कई संवेदना से गुजरते हैं। दाँत निकलते समय बच्चों के मसूड़ों में दर्द, खुजली और सुरसुराहट होती है। जिसके कारण चिड़चिड़ापन हो जाता है जो बच्चा अनेक प्रकार से व्यक्त करता है। होम्योपेथिक चिकित्सा में ऐसी दवाइयाँ हैं जो ऐसे समय की परेशानियों को दूर करती हैं और बच्चा आसानी से दाँत निकाल लेता है और साथ में उसकी हड्डियाँ भी मजबूत बनती हैं।

दाँत निकलते समय बच्चा चिड़चिड़ा हो जाता है। बेचैन रहता है। सदैव गोदी में रहना चाहता है और चाहता है कि उसे पुचकारा जाए और किसी प्रकार से खुश नहीं रहता है। ऐसे समय बच्चे को दस्त भी हो जाते हैं जिनका रंग हरा होता है। पेट में दर्द रहता है। कभी-कभी बच्चे के कान में दर्द के साथ पीले रंग का मवाद निकलने लगता है। इन सब लक्षणों व बीमारियों में **केमोमिला-12** दिन में तीन बार देने से आराम हो जाता है।

दाँत निकलते समय बच्चे को **केल्केरिया फास-6** की दिन में तीन खुराक देने से दाँत आसानी से निकल आते हैं और हड्डियाँ भी मजबूत हो जाती हैं। यह दवा ऐसे शिशु व बच्चों के लिए उपयुक्त हैं जो देखने में कमजोर और पतले होते हैं और अकसर दस्त से पीड़ित रहते हैं। ऐसे बच्चे शान्त प्रकृति के होते हैं। (**केमोमिला** के बच्चों के मुकाबले)

गोरे और देखने में जो बच्चे मोटे और थुलथुले शरीर के होते हैं। ऐसे बच्चों को मुँह और गर्दन के आसपास पसीना बहुत आता है कब्ज की शिकायत रहती है अगर ऐसे बच्चों को **केल्केरिया कार्ब 30** की तीन खुराक 6 घण्टे के अन्तर से देने से दाँत निकलते समय आराम रहता है।

3. बच्चों के काले दाँत
(Black teeth)

कभी-कभी बच्चों के दाँत काले पड़ जाते हैं और यह काले दाँत जल्दी टूट जाते हैं। मुँह में अत्यधिक लार आती है और मसूड़ों से खून भी आता है बच्चा चिड़चिड़ा भी हो जाता है। और चीजों की माँगने की जिदद् करता है चीजें मिल जाने पर उन्हें फेंक देता है इन लक्षणों पर **स्टेफिसेगेरिया-30** दिन में तीन बार दें।

बच्चो में दाँत ठीक प्रकार से निकल आते हैं लेकिन वह धीरे-धीरे सड़ने लगते

हैं और बच्चे के मुँह से बदबू आने लगती है। दाँतों पर धारियाँ पड़ने लगती हैं और वह सड़ने लगते हैं। जिसके कारण दाँत में दर्द और बेचैनी हो जाती है बच्चा रात भर रोता है। **क्रियोजोट-30** दिन में चार बार, चार-चार घण्टे के अन्तर से दें।

4. दाँत में कीड़ा लगना
(Caries in teeth)

खाई हुई चीजों का चूरा दाँतों में लगा रहना, ज्यादा परिमाण में खट्टी या मीठी चीजें खाना, दाँतों में कीड़े लगने का कारण है।

दाँतों में कीड़े लगने से दाँत में अधिक दर्द होता है। बालक इसके कारण रोता चिल्लाता है सो नहीं पाता है। **क्रियोजोट-6** की तीन मात्राएँ 15-15 मिनट से दें और **क्रियोजोट Q** की 5-6 बूँद एक रूई के फाये में लगाकर कीड़े लगे दाँत में लगा दें। दर्द कम हो जाएगा।

5. बच्चों की दाँती लगना
(Pressing of teeths)

चोट, दूध, दूषित हवा और दूषित चीजों का खाना-पीना, रक्त स्राव आदि कारणों से बच्चों की दाँती लग जाती है।

चोट के कारण दाँती लगने पर **आर्निका 3x** की 2-3 मात्रा देनी चाहिए।

स्नायु नाड़ी या शरीर के कोई स्थान कट जाने पर दाँती लगना। **हाइपेरिकम-6** दिन में दो-तीन बार दें।

सर्दी के मौसम में सूखी ठण्डी हवा लगने पर दाँती लगे। **ऐकोनाइट-3** इस बीमारी में दाँती लगने के साथ सिर या शरीर के एक ओर झुक जाने पर। **साइक्यूटा-6** दिन में दो बार दें।

स्नायविक दोर्बल्य या अजीर्ण के कारण दाँती लगना। **नक्स वोमिका 3** की 2-3 मात्रा दें।

अधिक रक्त स्राव होने के कारण दाँती लगना। **हेमामेलिस 1x** दिन में तीन बार दें।

6. कान का दर्द दाँत निकलते समय
(Earache during teething)

अकसर यह देखा गया है कि शिशुओं में दाँत निकलते समय तीव्र कान दर्द या कान से स्राव निकलता है। ऐसी अवस्था नवीन या पुरानी भी हो सकती है।

जब कान में से बदबूदार सफेद व गाढ़ा स्राव आए तब **कालीम्यूर-200** की एक मात्रा चार-चार घण्टे से दें।

कान में तीव्र दर्द और हरे रंग का स्राव आए **केमोमिला-200** दो-दो घण्टे के अन्तर से दें।

कान के दर्द से बच्चा हरदम चिल्लाता है। और कान से गाढ़ा पीला स्राव निकलता रहता है। **पल्साटिला-200** चार घण्टे से पाँच गोलियाँ खिलाएँ।

7. गुस्से से चिल्लाना दाँत निकलते समय
(Cry of anger during teething)

बच्चा गुस्सा होता है और चिल्लाता है वह चाहता है कि उसे गोद में लिया जाए जैसे ही थके हुए माता-पिता बैठने का प्रयत्न करते हैं बच्चा फिर से रोने और चिल्लाने लगता है और चाहता है कि उसे लेकर घुमाया जाए। रात के समय बच्चा अधिक परेशान करता है। वह बराबर चीजें माँगता रहता है लेकिन उन्हें देने पर लेने से इंकार करता है। और अपने से दूर हटा देता है। यह पता नहीं चलता कि वह चाहता क्या है उसे किसी प्रकार से सन्तोष नहीं मिलता। **केमोमिला-30** हर चार घण्टे से पाँच गोलियाँ देनी चाहिए।

8. ठंड व खाँसी दाँत निकलते समय
(Cold and coughs during teething)

दाँत निकलते समय बच्चे में ऊपरी श्वसन संस्थान में संक्रमण हो जाना आम बात है और इस संक्रमण का ठीक से उपचार नहीं होता तो यह दूसरी कठिनाइयाँ उत्पन्न कर देता है। होम्योपेथी में ऐसी दवाइयाँ हैं जो ठण्ड लगने पर तुरन्त आराम पहुँचाती हैं और इसकी प्रतिरोधक दवाइयाँ भी हैं जो बच्चों को ताकत एवं इस बीमारी से पूर्ण स्वस्थ रखती हैं।

लक्षण अनुसार नीचे लिखी दवाइयाँ अगर दी जाएँ तो बच्चे का ठंड से बचाव हो जाता है और ये शक्ति एवं संक्रमण से लड़ने की क्षमता भी प्रदान करती हैं।

बच्चा मोटा, गोरा, और थुलथुले शरीर का होता है। देखने में बच्चा तन्दुरुस्त लगता है परन्तु वास्तव में वह कमजोर होता है। मौसम के परिवर्तन से उसे सदैव ठंड लग जाती है। इसका एक कारण यह भी है कि ऐसे बच्चों को पसीना भी बहुत आता है। इसलिए उनका शरीर ठंडा और गीला रहता है और जब वे खेलते हैं तो उन्हें ठंड जल्दी पकड़ लेती हैं। **केल्केरिया कार्ब-30** दिन में एक मात्रा 6-6 घण्टे से दें।

विशेषकर ऐसे शिशु जो देखने में नाटे और बढ़ते भी कम हैं। उनका पेट बढ़ा हुआ होता है दूसरे अंग छोटे और सिकुड़े हुए होते हैं। हर समय उन्हें ठंड पकड़ लेती है। जो गले को प्रभावित करती है और उनके टाँसिल्स फूल जाते हैं। उनके गर्दन के पीछे छोटी दो गाँठ हो जाती हैं। **बेरायटा कार्ब-30** दिन में तीन बार दें।

बच्चे को ठंड के साथ खाँसी रहना, जो तेज रहती है। खाँसी के साथ उलटी हो जाती है छाती में कफ जमा रहता है और जो खाँसने से भी बाहर नहीं आता। जब यह अधिक मात्रा में जमा हो जाता है तो बच्चा इसकी उलटी कर देता है। **ऐपीकाक-30** चार गोलियाँ दिन में चार बार दें।

9. दाँत निकलते समय के दस्त
(Diarrhoea during teething)

जब बच्चा हरे रंग के चिपचिपे दस्त करे और पेट में दर्द महसूस करे। बच्चा बड़ा चिड़चिड़ा, बेचैन और डरपोक हो जाता है। वह यह चाहता है कि उसे गोदी में लिया रहा जाए और जैसे ही उसे गोदी से उतारा जाता है वह रोने चिल्लाने लगता है। **केमोमिला 200** की पाँच गोलियाँ हर दो घण्टे बाद दें। ठीक होने पर प्रतिरोधक के रूप में इसकी 3 गोलियाँ दिन में दो बार दें ताकि इस बीमारी की सम्भावना कम रहे।

दस्त सुबह के समय हो जाए जब बच्चे को नहलाया धुलाया जाए। दस्त पीले रंग के और तेजी से आए। दस्त की तेजी के कारण कभी-कभी गुदा बाहर आ जाता है। **पोडोफाइलम-200 शक्ति** पाँच गोलियाँ हर दो घण्टे के बाद दें। आराम होने पर समय बढ़ा दें।

10. दाँत निकलते समय दूध का न पचना
(Intolerence to milk during teething)

जैसे ही बच्चा दूध पीता है वैसे ही बड़ी कठिनाई के साथ उलटी कर देता है। लेकिन उलटी के बाद अच्छा महसूस करता है और सोने की चेष्टा करता है। कभी-कभी बच्चा दूध पीने के थोड़ी देर बाद एकाएक उलटी करता है। ऐसी उलटी में फटे-फटे दही के खट्टे-खट्टे कण होते हैं। जिनकी मात्रा अधिक होती है। आश्चर्य यह होता है कि इतना छोटा बच्चा इतनी अधिक मात्रा में उलटी कैसे कर सकता है। **इथूजा-30** हर चार घण्टे के अन्तर से दें।

11. बच्चों में दाँत का देर से निकलना
(Delay in teething)

अधिकांश बच्चों में दाँत निकलना पाँचवें महीने से शुरू हो जाते हैं परन्तु कुछ बच्चों में दाँत देर से निकलते हैं जिसके कारण माता-पिता चिन्तित हो जाते हैं। जिन बच्चों में देर से दाँत निकलें उनके लिए होम्योपेथिक की नीचे लिखी दवाइयाँ दें।

असन्तुलित खाना खाने से और पाचन शक्ति की गड़बड़ी के कारण बच्चों में दाँत देर से निकलते हैं। ऐसे बच्चों का सिर बड़ा, सिर की दोनों हड्डियों के बीच

की जगह खुली रहती है। पेट बड़ा, देर से चलते हैं और जिनमे शक्ति कम होती है। ऐसे बच्चों के हथेली और तलवों में अधिक पसीना आता है। वे ठंडे भी रहते हैं। **साइलीशिया 6x** की 2-2 गोलियाँ दिन में तीन बार देने से यह दाँत निकालने की क्रिया को बढ़ा देता है और दाँत आना शुरू हो जाते हैं। **साइलीशिया लवण** की शरीर में कमी होने के कारण दाँत देर से निकलता हैं परन्तु **साइलीशिया** देने से इसकी कमी पूरी हो जाती है।

साइलीशिया लवण के अलावा **केल्केरिया फास** लवण की शरीर में कमी के कारण भी दाँत देर से निकलते हैं और बदन की हड्डियाँ कमजोर हो जाती हैं। यह दाँतों को मजबूती देता है, खून के नये सेल बनाता है और शरीर को बढ़ाने में मदद करता है। **केल्केरिया फॉस** लवण की कमी वाले बच्चे की खोपड़ी की हड्डियाँ मुलायम व खुली रहती हैं, सिर बड़ा होता है, और सिर पर बाल कम होते हैं ऐसे बच्चे को सर्दी जुकाम जल्दी-जल्दी होता है और गला भी खराब रहता है ऐसे बच्चे देखने में पतले और कमजोर, पेट अन्दर को धँसा हुआ और सिर पर पसीना अधिक आता है। **केल्केरिया फास 6x** की 3 गोलियाँ दिन में चार बार देने से बच्चों के दाँत आसानी से निकलने लगते हैं।

केल्केरिया कार्ब हड्डियों और दाँत को बनाता है और इन अंगों का भाग है। बच्चे के शरीर में इस लवण की कमी के कारण दाँत देर से निकलते हैं। ऐसे बच्चे शरीर से थुलथुले, बड़ा सिर, जिस पर अधिक बाल और उनके शरीर से खट्टी बदबू आती है। रात में अधिक पसीना आता है। जिसके कारण तकिया गीला हो जाता है। मसूड़े सूजे रहते हैं। दूध उनको पचता नहीं है और वह खट्टे दही जैसी उलटी करते रहते हैं। उनके मल में भी खट्टी बदबू आती है। गुदा के चारों तरफ खाल उधड़ जाती है। बच्चों को कब्ज रहता है। और ठंड जल्दी लगती है। **केल्केरिया कार्ब 6x** की चार गोलियाँ दिन में चार बार देने से यह टॉनिक का सा काम करता है और दाँत निकलने में मदद करता है।

12. दाँत निकलते समय पेट दर्द
(Teething colic)

दाँत निकलते समय बच्चों को अधिकतर पेट दर्द व मरोड़ हो जाया करता है। **मेग फास 6x** की पाँच गोलियाँ गरम पानी में देने से तुरन्त आराम आ जाता है।

बच्चों में दाँत निकलते समय पेट दर्द हो और बहुत गुस्सा आए, बार-बार घुटने पेट की तरफ मुड़े। **कोलोसिन्थ-30** तीन गोलियाँ हर आधे घण्टे से दें आराम आ जाता है।

दाँत निकलते समय बच्चा बेचैन रहे पेट दर्द में किसी प्रकार आराम न मिले और सोना पसन्द करे पर दर्द के कारण सो न सके। किसी प्रकार से तंग किया जाना

पसन्द न करे। **कालोफास-6x** पाँच गोलियाँ हर दो घण्टे से देने से सन्तोष मिलता है। और बच्चा भला चंगा हो जाता है।

13. दाँत निकलते समय वस्तुओं को काटना व पीसना
(Biting and grinding of articles during teething)

बच्चों में दाँत निकलते समय हर चीज को काटने की प्रवृत्ति उत्पन्न हो जाती है। यहाँ तक हो जाता है कि वह लकड़ी तक काटने और पीसने से नहीं चूकता और काफी चिड़चिड़ा हो जाता है।

बच्चों में चीजों के काटने और पीसने की आदत दाँत निकलते समय हो जाती है और रात में यह बढ़ जाती है। ऐसा वो जब करता है जब अकेला हो। रात के समय वह अँधेरे में सोना पसन्द नहीं करता उसे थोड़ी बहुत रोशनी की आवश्यकता होती है। वरना सो नहीं पाता है। **स्ट्रामोनियम-30** दिन में चार बार चार-चार घण्टे के अन्तर से देने से बच्चे की यह आदत छूट जाती है और उसमें सुधार आ जाता है।

रात में बच्चा बराबर दाँत पीसता है सोते-सोते चिल्ला उठता है और बेचैन रहता है। वह बड़ा चिड़चिड़ा हो जाता है। यहाँ तक कि कभी-कभी अपनी माँ को मार देता है। अगर कोई उससे बात करने की कोशिश करता है तो वह चिल्लाता है। और उसे दूर कर देता है। वह मीठा अधिक पसन्द करता है। **सीना 30** चार गोलियाँ दिन में चार बार दें।

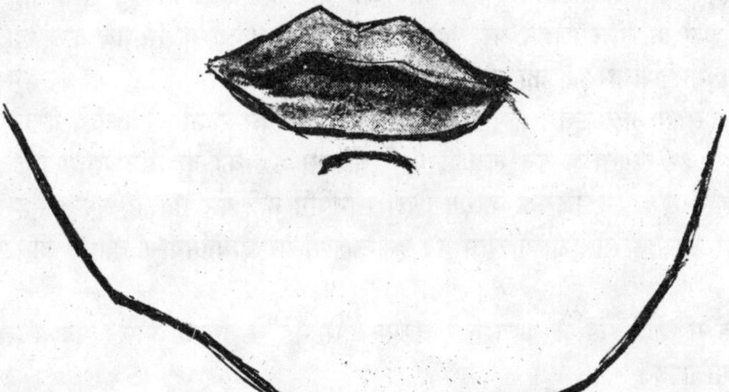

मुँह के रोग

(Ailmentsof Mouth)

बच्चा चिड़चिड़ा और बिना कारण झगड़ालू प्रवृत्ति का हो जाता है। वह किसी का देखना व छूना पसन्द नहीं करता है। ज्यादातर वह काटने पर गुस्सा करता है। उसके दाँत अन्दर से पोले और जल्दी टूटने वाले होते हैं। उसकी जबान एक मोटी परत से ढकी रहती है और मुँह के किनारे फटे रहते हैं बच्चा शरीर में मोटा होता है। **ऐन्टिम क्रूडम-30** चार गोलियाँ दिन में चार बार देने से आराम आता है।

14. मुँह का पकना (Sore mouth)

हाजमे की गड़बड़ी, गन्दी फीडिंग बोतल से दूध पिलाना और स्वच्छता की कमी के कारण यह रोग उत्पन्न होता है। छोटे शिशुओं में ओंठ, जीभ, मुँह तथा गाल के अन्दर सफेद घाव हो जाते हैं। मुँह से गन्ध व लार आती है। साधारणतया भुने सुहागे को पीस कर शहद में मिलाकर घाव पर लगाने से ठीक हो जाते हैं। अगर ठीक न हों तो सुझाई होम्योपेथिक दवाइयों का प्रयोग करें।

मुँह और गले में घाव, शिशु दूध पीने के बाद फटे दूध जैसी उलटी कर देता है और उसके बाद सो जाता है। **इथूजा 6x** दो तीन मात्रा दें।

शिशु होंठ नोचते नोचते रक्त निकाल देता है जिसके कारण शिशु स्तनपान नहीं कर सकता है। मुँह से बदबू आती है। **एरम ट्राईफालम 30** दिन में दो मात्रा दें।

मुँह में सड़े घाव मुँह से खाल उधेड़ने वाली लार बहना, ओंठ के कोने कटना। **एसिड नाइट्रिक 30** की 2 मात्रा दें।

मुँह के घाव से अत्यन्त दुर्गन्ध और दुर्गन्धित लार बहना। मसूड़े लाल और फूल जाएँ। शिशु के साँस छोड़ने पर बदबू। बच्चा तरल पदार्थ के सिवाय कुछ खा नहीं सकता। **बैप्टीशिया 3x** की दो तीन मात्रा दें।

मुँह सूखा और उसमें दर्द, शिशु स्तनपान नहीं कर सकता है। नीचे देखने और उतरने से डर लगता है इन लक्षणों पर। **बोरेक्स 6x** की दो तीन मात्रा दें।

मुँह में सूखापन, जिसके कारण शिशु स्तनपान नहीं कर सकता, परन्तु मुँह गीला करने पर आसानी से दूध पी लेता है। इन लक्षणों पर **ब्रायोनिया-6** की दो-तीन मात्रा दें।

मुँह में घाव, मुँह से बहुत लार बहना और मुँह से दुर्गन्ध आए। **मर्क सॉल 6x** की 2 मात्रा दें।

काले रंग के घाव और जब घाव सड़ने लगे तो **सिकेल कोर 6x** की दो-तीन मात्रा दें।

अत्यन्त दुर्गन्धमय सड़े घाव, यहाँ तक कि सभी जैसे लार, मल, मूत्र आदि में दुर्गन्ध आए। **एचिनेशिया Q** की एक या दो बूँद पानी में डाल कर दो-तीन बार दें।

15. बच्चों के मुँह में घाव
(Thrush)

बच्चे के मुँह में छोटी-छोटी सफेद फुन्सियाँ सी हो जाती हैं। कुछ दिन बाद इन फुन्सियों का रंग काला पड़ जाता है और यह फट जाती हैं। फट जाने पर पीली पपड़ी जम जाती है। ऐसी अवस्था में **वायोला ट्राइकलर 3** की 2-3 मात्रा दें। लाभ न होने पर **रस टोक्स 6** दें। बीमारी की पहली अवस्था में **मर्क्युरियस 6** देना चाहिए ऐसी स्थिति में जब मुँह से अधिक लार बहे और दाने घाव का रूप धराण कर लें। अगर **मर्क्युरियस** से फायदा न हो तो उसके बाद **सल्फर-30 दें।**

जब छालों का रंग लाल या नीला हो। बच्चे को बेचैनी और कमजोरी हो। मुँह से बदबू आए, हरे रंग के पतले दस्त हों इन लक्षणो में। **आर्सेनिक-6** की 3-4 खुराक देनी चाहिए।

सारे चेहरे पर फुन्सियाँ जिनसे बदबू आए और मुँह में जख्म पैदा करने वाली लार आए। **एसिड नाइट्रिक 6** की 1-2 मात्रा प्रतिदिन कुछ समय तक दें।

मुँह में घाव के साथ लार आए बच्चे को कब्ज रहे। **लाइको 30** की एक मात्रा दें।

16. स्तनपान करते समय शिशु के मुँह का आना
(Sore mouth during breast feeding)

दूध पीते समय बच्चा चिल्लाया करता है और कभी-कभी दूध पीने से मना कर देता है। या पीते-पीते छोड़ देता है और चिल्लाने लगता है। ऐसे समय में वह चिन्तित, परेशान और संवेदनशील लगता है। इसका कारण उसके मुँह में छाले होते हैं और वह दूध पीने में सब प्रकार की कठिनाइयाँ महसूस करता है। इन सब लक्षणों के साथ अगर बच्चे का मुँह खोलकर देखा जाए तो मुँह में सफेद छोटे-छोटे निशान होंगे जिन्हें थोड़ा सा भी छूने से खून निकलने लगता है। **बोरेक्स-6** दिन में चार घण्टे पर देने से छाले ठीक हो जाते हैं।

जब बच्चा दूध नहीं पीना चाहता और हर प्रकार से दूध न पीने के बहाने करता है। इसका कारण मुँह में छाले होते हैं। लेकिन जब उसके मुँह में थोड़ा पानी डाल दिया जाता है तो वह खुशी-खुशी दूध पीने लगता है। **ब्रायोनिया-6** हर दो घण्टे के बाद चार गोलियों की एक खुराक दें।

17. दाँत निकलते समय उलटियाँ
(Vomiting during teething)

दाँत निकलते समय ऐसा देखा जाता है कि उलटियाँ होने लगती हैं। ऐसे समय बच्चा बड़ा बेचैन रहता है और अपने आप को परेशानी में महसूस करता है। बेचैनी

में स्थान परिवर्तित करता रहता है। एक मिनट में घूमना चाहता है, दूसरे मिनट में लेटना चाहता है और उसे किसी प्रकार से चैन नहीं मिलता। उसकी बेचैनी का कारण डर होता है। और उस डर के कारण उलटियाँ करने लगता है कभी-कभी उलटियों का कारण पेट की गड़बड़ी भी होता है। उलटियों में बच्चा जो भी खाता-पीता है तुरन्त उलटी कर देता है। **आर्सेनिक एल्ब-200** की एक-एक खुराक हर दो घण्टे के बाद देने से उलटियाँ बन्द हो जाती हैं। तीन गोलियाँ दिन में तीन बार दें।

18. मुँह के सामान्य रोग (General ailments of mouth)

बच्चों में मुँह की बीमारियों के अनेक कारण हैं। जिनमें से अधिक गर्म या अधिक ठंडी चीजें खाना, खटाई, उत्तेजित आहार खाना, मुँह में छाले और जख्म, पाचन क्रिया की खराबी, मसूड़ों में सूजन, गल्सुए आदि प्रमुख हैं।

शिशु के मुँह के छालों में राल आए तो **मर्क सोल** 6 की 2-3 मात्रा दें।

जीभ सूज जाने और उसके चारों ओर छाले, मसूड़ों से खून आए, मुँह से बदबू और अधिक लार आए पेट में पेचिश रहना। **मर्क्युरियस** 6 की दो मात्रा दें।

मुँह अन्दर से लाल और कुछ नीलापन लिए हुए छाले। मुँह में बदबू रहे। हरे रंग का पतला पाखाना जिसके कारण कमजोरी महसूस हो। **आर्सेनिक-6** की 2-3 मात्रा दें।

गुँह के छाले दाँत निकलते समय। सिर और मुँह पर बच्चे को पसीना अधिक, पैर ठण्डे रहें। **कैल्के कार्ब** 30 की दो मात्रा दें।

मुँह में छाले। मुँह से बदबू, राल जो कि होंठ के किनारे काट दे बार-बार छाले ठीक होकर फिर हो जाएँ। **एसिड नाइट्रिक** 6 की 2-3 मात्रा दें।

मोटे सफेद और भूरे रंग के छाले जबान के ऊपर गंदी परत। छालों में जलन पतले हरे रंग के दस्त जिसके कारण बच्चा देर तक सो नहीं पाता। **सल्फर** 30 की दो मात्रा दें।

मुँह से अधिक लार गिरे, मसूड़े अधिक लाल। मल का रंग हरा जो कठिनाई से निकले। **मर्क्युरियस** 6 की दो मात्रा दें।

छाती, फेफड़े और कफ के रोग

(Diseases of chest, lungs and cough)

1. कुकुर खाँसी/हूपींग खाँसी
(Whooping cough)

इस खाँसी में जोर के समय लम्बी साँस लेने पर हूँप की आवाज आती है।

बच्चे को तकलीफ देने वाली खाँसी जल्दी-जल्दी आए और साथ में कै हो जाए, पीला बलगम निकले, स्वर भंग हो जाए, रात में खाँसी बढ़े इस लक्षणों पर। **ड्रोसेरा 3x** की एक मात्रा दें।

इस रोग के शुरू होने पर **पर्टुसिन 3** दिन में तीन बार दें और एक हफ्ते तक खिलाएँ फायदा न होने पर **मेफाइटिस 3x** को दो-दो घण्टे के अन्तर से दें फायदा होगा।

खाँसी ज्यादा और खिंचाव होने पर **क्यूप्रम मेट-3** या **एण्टिम टार्ट-6** की दिन में 2-3 मात्रा दें।

2. बच्चों में क्रूप खाँसी
(Croup cough)

ठंड लगने, मौसम बदलने पर बच्चों को यह खाँसी हो जाती है इसमें स्वरयंत्र और श्वासयंत्र में प्रदाह हो जाता है जिससे साँस लेने में तकलीफ और साँस अटकने वाली खाँसी पैदा हो जाती है कभी कभी उन प्रदेशों में नकली झिल्ली पैदा हो जाती है जिसके कारण क्रूप खाँसी उत्पन्न हो जाती है--यह दो प्रकार की होती है। (1) नकली और (2) प्राकृत। नकली क्रूप खाँसी बच्चों को एकाएक हो जाती है बच्चा जब सोया हुआ होता है तो उसके गले में अचानक सुरसुराहट पैदा होती है और उसकी नींद खुल जाती है। साँस में साँय साँय का शब्द होने लगता है और गला घर्र-घर्र करने लगता है। यह खाँसी बहुत भयानक होती है। (2) प्राकृत क्रूप खाँसी में पहले सूखी खाँसी होती है। और बाद में आक्षेपिक सूखी खाँसी हो जाती है। बार-बार खाँसने से गले में दर्द होता है और स्वर फट जाता है। बदन एकदम गर्म हो जाता है।

बच्चे को स्वर भंग के साथ खाँसी। खाँसते खाँसते स्वर अटकने लगता है। त्वचा सूखी पड़ जाती है। बेचैनी, बुखार, तेज प्यास रहती है। **एकोनाइट 3X** दस दस मिनट के अंतर से दें।

बच्चे का खाँसते खाँसते दम अटके जिसके कारण मतली आए। आधी रात के वक्त सोते सोते बच्चे की नींद खुल जाए और खाँसी शुरू हो जाए जिसमें साँय साँय

का शब्द हो। स्वर लोप हो जाए। **स्पोंजिया 3** दस पन्द्रह मिनट के अंतर से दें।

बच्चे की विशेषकर अगर रात को सोते समय नींद खुल जाए और साँस रुकने लगे तो **सैम्बुकस 2x** की 15-15 मिनट से खुराक दें।

साँस नली (Trachea) में अगर मोटी झिल्ली पड़ जाए और बच्चे को साँस लेने में तकलीफ हो। **ब्रोमीन 3x** की 15-15 मिनट के अन्तर से तीन मात्रा दें।

बच्चे का जब गला फैल जाए और सिर पीछे की ओर टेढ़ा पड़ जाए इन लक्षणों पर **एण्टिम टार्ट-6** 15-15 मिनट से देनी चाहिए।

बच्चे को सूखी कर्कश खाँसी, चेहरा तमतमाया हुआ, आँखें लाल, नाड़ी तेज और इन कठिन लक्षणों पर **बेलाडोना 3** का 15-15 मिनट से प्रयोग करें।

बच्चे को क्रूप खाँसी काफी समय तक रहने पर स्वर लोप हो जाए, गले में दर्द रहे और खाँसी में बलगम आने लगे तो **फोस्फोरस 3** 15-15 मिनट से दें।

बच्चे की नकली क्रूप खाँसी। **नेट्रम फास 12x** और **काली म्युर 12x** के पर्याय क्रम से देने से आराम मिले तो दवा की दो गोलियाँ गर्म पानी में घोलकर 3-3 घण्टे के अन्तर से दें।

प्राकृत क्रूप खाँसी में। **केल्केरिया फास 12x, काली सल्फ 12x** और **फेरम फास 12x** को पर्यायक्रम से देने से फायदा होता है इनकी 2-2 गोली गर्म पानी में घोलकर 2-2 घण्टे के अन्तर से दें।

3. ठण्ड व जुकाम
(Cold and catarrah)

बच्चों में ठण्ड व जुकाम रोग ठण्ड लग जाने अथवा दूसरे कारणों से भी हो जाता है जैसे नाक की झिल्ली में रक्त बढ़ जाए। नाक से श्लेष्मा निकले जिनके कारण अनेक प्रकार की कठिनाइयाँ और रोग हो जाते हैं।

जरा सी ठण्ड लगने पर बच्चे को सर्दी जुकाम हो जाए तो **एकोनाइट 6** की तीन मात्रा दें।

नवजात शिशु की सर्दी जुकाम या नजला में **डल्कामारा 6** की तीन मात्रा दें।

बच्चों के निमोनिया में पसली चलने पर **एण्टिम टार्ट 6** की तीन मात्रा दें।

बच्चों के दमे में **नैट्रम सल्फ 30** एक अच्छी दवा है। दिन में दो मात्रा दें।

बच्चों की खाँसी में। **मेफाइटिस 30** की तीन मात्रा दें।

नवजात शिशु को श्वास कष्ट जिसका कारण गले में कफ अटकना हो तो उसे **एण्टिम टार्ट 6** की तीन मात्रा दें।

4. प्लूरिसी
(Pleurisy)

फेफड़े (फुफ्फुस) को ढकने वाली झिल्ली में प्रदाह होने पर यह रोग उत्पन्न होता है। अथवा अन्य व्याधियों के उपसर्ग से भी हो सकता है।

सर्दी लगना, छाती में कोचने वाला दर्द इसका प्रधान लक्षण है ज्वर साधारण रूप से रहता है। सूखी खाँसी, श्वास का तेज आना-जाना और पूरी साँस नहीं ले पाता हैं। छाती में पीड़ा और खाँसी से साँस लेने में बाधा पड़ती है।

बच्चे को शीत लगना, ज्वर रहना, बेचैनी, नाड़ी तेज हल्की, सूखी खाँसी, छाती में सुई चुभने का-सा दर्द। **एकोनाईट 3x** की 2-3 मात्रा दें।

शिशु को किसी प्रकार की चोट लग जाए और रोग पैदा हो जाए। बुखार हट जाने पर भी पीड़ा रहे। **अर्निका 6x** की 2 मात्रा दें।

गले में श्लेष्मा घड़-घड़ शब्द करे और वह खांसने पर कठिनाई से निकले या न निकले अथवा अधिक मात्रा में निकले। शिशु का दम अटके। **एण्टिम टार्ट 6x** (विचूर्ण) की 2-3 मात्रा दें।

प्लूरा में अधिक जल एकत्रित होना, वेदना कम परन्तु कष्ट अधिक की अवस्था **(Stage of effusion)**, में। **आर्सेनिक 6x** की 2 मात्रा दें। सरणा आरम्भ होने पर जब खँखार और साँस लेने में दुर्गन्ध आए। **सल्फर 30** का प्रयोग करें इसकी 2 मात्रा दें। इसी प्रकार एकोनाईट के बाद जब बुखार और अन्य उपसर्ग घटने लगे और सरण आरम्भ होने पर **ब्रायोनिया 6** की 2-3 मात्रा दें। (बच्चा हिलना डुलना नहीं चाहता खाँसते समय छाती में तेज दर्द)

तेज बुखार, बैठने में श्वास कष्ट, शिशु मोटा और रक्त प्रधान **एकोनाइट** के प्रयोग के बाद ज्वर दोबारा आ जाता है। **बेलाडोना 3x** की 2-3 मात्रा दें।

श्वास व खँखार दुर्गन्ध युक्त। फेफड़ों में मवाद संचय। अधिक पसीना परन्तु शरीर बर्फ की तरह ठंडा। **कार्बो वेज-12** की 3 मात्रा दें।

फेफड़ों का पानी मवाद में बदल जाए। रात में अधिक पसीना आए। **मर्क्युरियस 6x** (विचूर्ण) की 2 मात्रा दें।

5. फुफ्फुस प्रदाह या न्यूमोनिया
(Pneumonia)

फेफड़े (फुफ्फुस) के तन्तुओं के प्रदाह को फुफ्फुस प्रदाह या न्यूमोनिया कहते हैं। न्यूमोनिया में एक फुफ्फुस (फेफड़े) या दोनों फुफ्फुस आक्रान्त हो सकते हैं एक फुफ्फुस के प्रदाह को सिंगल न्यूमोनिया और दोनों फुफ्फुस के प्रदाह को डबल न्यूमोनिया कहते हैं।

भंयकर जाड़ा लगना अथवा प्रबल ज्वर के साथ यह प्रकट होता है। शरीर का ताप 105^0 से अधिक होता है। शिशु के न्यूमोनिया की प्रारम्भिक अवस्था में वमन या अकड़न होती हैं। साँस लेना व छोड़ना तेज होता है। छाती में पीड़ा, हल्की सूखी खुसखुसी खाँसी जो बढ़कर कष्टदायी बन जाती है। श्वास में एक प्रकार का शब्द उत्पन्न होता है। और नाक के नथुने फैल जाते हैं। **(expension of the alae of the nose)**

प्रथम अवस्था में कम्पन और ज्वर, जो बाद में प्रबल हो जाता है। नाड़ी कठोरता पूर्ण और मोटी। सूखी कष्टदायक खाँसी, बेचैनी, छाती में पीड़ा। **एकोनाइट 3x** की 3 मात्रा दें।

खाँसी सरल परन्तु बच्चा कफ निकाल नहीं सकता। श्वास नली में अधिक श्लेष्मा। **एण्टिम टार्ट 6x** विचूर्ण की 3 मात्रा दें।

शिशु को अकड़न या अकड़न होने का उपक्रम, चेहरा व आँखें लाल, आँखों की पुतलियाँ फैली हुईं। **बेलाडोना 3x** की 3 मात्रा दें। यह प्रादाहिक अवस्था में उपकारी है।

एकानाईट के प्रयोग से ज्वर तथा मानसिक लक्षण दूर होने पर और पसीना आने पर **ब्रायोनिया** व्यवहार में लाना चाहिए। इसके लक्षण यह हैं कि शिशु स्थिर होकर सोता रहता है। हिलना डुलना नहीं चाहता क्योंकि इसमें उसे कष्ट होता है। छाती में पीड़ा, जीभ सफेद, प्यास अधिक। **ब्रायोनिया-12** की 2-3 मात्रा दें।

न्यूमोनिया के साथ पित्त सम्बन्धी उपसर्ग, दाहिनी ओर का निमोनिया एवं लिवर का दोष विशेषकर पीलिया के साथ। **चेलीडोनियम 6** की 3 मात्रा दें।

अत्यन्त पसीना, श्वास कष्ट, फुफ्फुस में फोड़ा या गेंग्रीन। **कार्बो वेज 12** की 3 मात्रा दें।

श्वास रोधक व कुत्ते भौंकने वाली खाँसी, स्वरभंग, फुफ्फुस में फोड़ा। शिशु कमजोर, रात में पसीना। **आयोडियम 6x** की 3 मात्रा दें। (गण्डमाला वाले बच्चों के लिए विशेष उपयोगी)

अत्यन्त श्वास कष्ट, सूखी खाँसी, खँखार लाल रंग वाला। **फॉसफोरस 6** दिन में दो बार दें।

शिशु अस्थिर, सदा करवट बदले, सूखी कठिन खाँसी, संध्या और रात में खाँसी बढ़े। **रस टोक्स 6** दिन में तीन बार दें।

हल्की सूखी खाँसी, श्वास कष्ट, अधिक समय तक शीत प्रकोप रहता है। **विरेट्रम विरडीस-3x** की 3 मात्रा दें।

6. बच्चों में दमा
(Asthama)

दमा रोग के कारणों में ठंड लगना, धूल के कण साँस द्वारा अन्दर जाना, मानसिक एवं शारीरिक थकान, छाजन **(Eczema)** का दब जाना आदि विशेष है। ये दमा की बीमारी को एकदम उत्पन्न कर देते हैं।

इस रोग में बच्चे को साँस लेने में कठिनाई, दम घुटना और छाती में दबाव महसूस होता है। साँस लेने में एक प्रकार की सीटी की आवाज आती है साँस में कठिनाई और रुक-रुक कर आती है। बच्चा ऐसी क्रिया करता है जिससे उसकी छाती फैले जैसे कन्धों को ऊपर उठाना, भुजाओं को पीछे ले जाना। दौरे के समय मुख मलीन और पसीना आता है और हाथ पैर ठंडे हो जाते हैं। ऐसी स्थिति कुछ मिनट से घण्टों तक रहती है। उसके बाद वह ढीला पड़ जाता है और साँस की रुकावट और कठिनाई दूर हो जाती है।

बच्चों को सोते समय साँस में रुकावट और साँस कठिनाई से आए। छाती और गले में दबाव, मुँह खोलकर साँस लेने पर कठिनाई से आती है। बच्चे में बेचैनी और चिन्ता और दिल धड़कना पाया जाता है। **एकोनाईट-3** की 2-3 मात्रा दें।

बच्चा चिन्तित, साँस लेने में कठिनाई और साँस जल्दी-जल्दी चले विशेषकर जब ऊपर चढ़े आधी रात के समय दम रुकने का अनुभव। साँस में खड़खड़, साँस मुँह खोलकर लें। लेटे रहने की इच्छा रहे। चेहरा पीला और ठंडा और ठंडा पसीना आए। प्यास अधिक लगे परन्तु थोड़ा-थोड़ा पानी बार-बार पिये। लेटने से घबराता हैं क्योंकि लेटने से साँस रुकती है। गर्मी व गर्म कमरे में आराम मिलता है। **आर्सेनिक एल्ब-6** की एक मात्रा जल्दी-जल्दी दें। दिन में कम से कम 3-4 मात्रा दें।

बच्चे को दमा का दौरा तीसरे पहर या शाम को आए। बच्चा ऐसा महसूस करे कि उसके फेफड़ों में धूल जम गई है। सिर पीछे झुकाने से और साँस रोकने से आराम मिलता है। मुँह और आँखें लाल हो जाती हैं। सिर गर्म रहता है। सूखी खाँसी विशेषकर रात में आती है। **बेलाडोना-6** की दिन में 2-3 मात्रा दें।

बच्चे को दम अटकने वाले दौरे। छोटी और चिन्ता भरी साँस। आमाशय का फूल जाना। बच्चा चिल्लाता है और बेचैन रहता है। और चाहता है कि उसे गोदी में लेकर घूमा जाए। मुँह और सिर पर अधिक गर्म पसीना आता है। **केमोमिला-12** की 2-3 मात्रा दें।

बच्चे को साँस लेने में कठिनाई हो जाना। ज्यादा बात करने से या किसी प्रकार का कठिन काम करने से साँस में कठिनाई होना। बच्चा खामोश पड़ा रहना चाहता है। बार-बार सूखी खाँसी आती है। जिसमें कफ कठिनाई से निकलता है। चलते समय, खाँसते समय, साँस अन्दर लेते समय छाती में खिंचाव मालूम होता है। उठते

समय, मतली या चक्कर आता है। मल कठोर व सूखा होने के साथ कब्ज **ब्रायोनिया-6** की 2-3 मात्रा दें।

बच्चे के स्वर नली में श्लेष्मा होने के कारण शाम के समय साँस घुटने के दौरे। नीचा सिर करके साँस नहीं ले सकता है। बच्चा कमजोर और सूखता जाता है। यकायक लेटने की इच्छा जताए। साँस कठिनाई से अन्दर आए। परन्तु जल्दी से बाहर निकल जाए। **चायना-6** की 2-3 मात्रा दें।

बच्चे में छोटी उलझने वाली खाँसी के साथ साँस में कठिनाई। दम घोंटने वाले दौरे। साँस जल्दी-जल्दी लेना। जिसके कारण पेडू की मांसपेशियों पर जोर पड़ता हैं। **कूप्रम मेट 3X** की 2-3 मात्रा दें।

बच्चे को लेटने पर साँस में कठिनाई होना। इसलिए उसे उठकर बैठना पड़ता है। साँस अन्दर लेते समय विशेष कठिनाई नहीं होती परन्तु साँस को बाहर निकालने पर नाक के नथुने फैल जाते हैं। दमा के दौरे के समय छाती पर कपड़ा नहीं रखना चाहता है। खाँसते व दमे के दौरे के समय मुँह लाल हो जाता है। धीरे-धीरे चलने पर आराम महसूस करता है। **फेरम मेट-6** दिन में दो बार दें।

बच्चे को यकायक दम घुटने और साँस लेने में कठिनाई की शिकायत हो जाती है। साँस लेने में भारीपन और जोर लगाना पड़ता है। छाती की दाहिनी ओर हृदय में खिंचाव महसूस होता है। साँस धीरे-धीरे चलती है परन्तु नाड़ी तेज चलती है। **जेलसिमियम-6** की 2-3 मात्रा दें।

बच्चे को जब घबराहट और श्लेष्मा युक्त दमे का दौरा आए और श्लेष्मा निकालने में कठिनाई हो उस समय **ग्रिडेलिया क्यू** की 2-3 बूँद दो चम्मच पानी में डालकर दें। तुरन्त आराम आ जाएगा।

बच्चा छाती में दबाव महसूस करे। छोटी और जल्दी साँस ले। जिसके कारण चेहरा लाल और गर्म या ठण्डा पीला हो जाए। दम घुटने के कारण गले व छाती पर खिंचाव लगे। चलने फिरने में कठिनाई लगे। मतली और ठण्डा पसीना माथे पर आए। चेहरा नीला लाल दिखे। **इपीकाक-6** की 3-4 मात्रा दें।

बच्चों को दमे का दौर अधिकतर रात को तीन बजे आए। बच्चे को बैठने और आगे झुककर बैठने पर आराम आए। अकेला और खुली हवा में रहना पसन्द नहीं करे। साँस में खड़खड़ की आवाज आए। **काली कार्ब-30** की एक मात्रा दें।

बच्चे को छाती पर दबाव, साँस में तेज आवाज आए। रात को दमे के दौरे पड़ें उस समय ऐसा लगे कि फेफड़े काम नहीं कर रहे हैं और उसकी साँस बन्द हो जाएगी। बच्चे को कब्ज की शिकायत रहे जिससे मल कठिनाई से निकले। बच्चा ठण्डा पानी और ठण्डी चीजें खाना पसन्द करे। **फास्फोरस-30** की एक मात्रा दें।

बच्चे को साँस में कठिनाई और दम घुटने वाले दौरे। बच्चा सोते समय एकदम उठ जाता है और चिल्लाता है। सारा शरीर काँपता है हाथ-पैर नीले और सूज जाते

हैं। सोते समय मुँह और आँखें खुली रहती हैं। श्लेष्मा की खड़खड़ छाती में सुनाई देती है। जिसके कारण एक शब्द भी नहीं बोल सकता। **सेम्बुकस 6** की 2-3 मात्रा दें।

बच्चे की छाती में दबाव और साँस लेने में कठिनाई। बच्चा सदा बैठना पसन्द करे साँस नली में श्लेष्मा भरी रहे किन्तु उसको निकालने में कठिनाई रहे। दम घोंटने वाले दौरे विशेषकर शाम को आएँ या सुबह सोते समय आएँ। **एण्टिम टार्ट 3X** (विचूर्ण) की 3-4 मात्रा दें।

बच्चे को दमे का दौरा ठण्डे नम मौसम में सुबह के समय आए। दम घोंटने वाला दौरा परिश्रम करने पर आए। ठण्डा पसीना माथे पर आए। हाथ पैर ठण्डे पड़ जाएँ। **बेरेट्रम एल्ब-6** की 2-3 मात्रा दें।

7. बच्चे को ब्रांकाइट्रिस (Bronchites)

बच्चे की छाती में सर्दी बैठ जाने पर उसे बुखार, खाँसी, छाती में दर्द, गले में साँय साँय होना इन लक्षणों पर बच्चे को **फेरम फोस 12x** की 2 गोली गर्म पानी में सुबह शाम दें और साथ में **ब्रायोनिया 3** की दो-तीन मात्रा दें।

अगर यह बीमारी पुरानी पड़ जाए तो **ऐण्टिम टार्ट 6** की दिन में तीन-चार मात्रा बच्चे को देनी चाहिए।

8. बच्चे को सर्दी व खाँसी (Cold and cough)

बच्चों को सर्दी लग जाने पर यह सर्दी नाक के द्वारा निकलती है। जैसे नाक बहना या नाक बन्द हो जाना जिसके कारण बच्चा परेशान रहता है साँस में कठिनाई होती है और बच्चा दूध नहीं पी पाता। कभी-कभी खाँसी व बुखार हो जाता है।

बच्चे को सर्दी लग जाने के कारण उसे खाँसी व बुखार हो जाता है ऐसी अवस्था में सबसे पहले **ऐकोनाइट 3x** की एक मात्रा हर 15 मिनट के अन्तर से दें।

बच्चे को सूखी खाँसी सीने में दर्द और पीला बलगम निकलने पर **ब्रायोनिया 3** की हर आधे घण्टे से खुराक दें।

बच्चा बलगम भरी उलटी करता है घर्र घर्र वाली खाँसी करता है और अधिक कमजोर हो जाता है। **ऐण्टिम टार्ट 3** की दिन में 3-4 मात्रा दें।

बच्चा खाँसी के साथ अकड़ जाता है और खाँसी के साथ ज्यादा श्लेष्मा निकलती है मितली आदि लक्षणों पर। **इपिकाक 6** की दिन में 3-4 मात्रा दें।

नाक से गाढ़े पीले रंग की सर्दी निकलने पर **पल्साटिला 6** दिन में तीन मात्रा दी जानी चाहिए।

सर्दी के कारण नाक बन्द हो जाए जिसके कारण बच्चे को दूध पीने में कठिनाई हो। **नक्स बोम 6** की 3-4 मात्रा दें। अगर फायदा न हो तो **सैम्बुकस 3x** की 3-4 मात्रा देने से आराम आ जाएगा।

सर्दी के कारण बच्चे की नाक से पतला पतला काटने वाला स्राव निकले जिसके कारण नाक के नीचे और ओठ पर जलन व घाव हो जाए। **आसर्निक एल्ब 6** दिन में दो-तीन बार दें।

हृदय व रक्त नलिकाओं के रोग

(Diseases of heart and blood vessels)

1. शिशु के मस्तिष्क में खून की कमी के कारण विकार (Hydrocephaloid of brain)

शिशु में हैजा, अतिसार, न्यूमोनिया आदि भंयकर बीमारियों के कारण खून की कमी हो जाने के कारण पोषण में कमी आ जाती है और यह रोग उत्पन्न हो जाता है। इस रोग में शिशु का ब्रह्मांड बैठ जाता है और वह सिर को इधर-उधर करता रहता है। **फास्फोरस-6** या **इथुजा-6** दवाइयों से उपचार करने पर आराम मिल जाता है। इनको दिन में तीन बार और लम्बे समय तक देना चाहिए।

2. बच्चे को खून या रक्त पित्त की उल्टी (Vomiting of blood or bile blood)

पैदा होने के कुछ दिनों बाद किसी-किसी बच्चे को खून की उलटियाँ होती हैं। जिसका कारण बच्चे के मुँह या नाक में घाव या दूध पिलाने वाली माता के स्तन में किसी तरह का घाव रहने पर खून पेट में चला जाता है गर्म होने पर खून की उलटियाँ हो जाती हैं।

बच्चों को चमकीले लाल रंग की उलटिया होने पर **मिलिफोलियम Q** (2 बूँद 2 बड़े चम्मच पानी में डालकर) 2-3 बार दें।

बच्चे को उलटी के साथ चमकीले लाल रंग का खून आए और थोड़ी देर तक तेज खाँसी आए। **इपिकाक 3x** का 2-3 बार सेवन कराएँ।

बच्चे को चोट लगने पर खून की उलटियाँ हों। **आर्निका 3x** की 2-3 मात्रा दें।

बच्चे को खून की उलटी उसके साथ कलेजा काँपे और बेहोशी के लक्षण रहें **फेरमफास 3x** की 2-3 मात्रा दें।

3. शिशु को रक्त वमन (Haematemesis)

कभी-कभी शिशुओं को रक्त का वमन होता है। इसका कारण मालूम नहीं है फिर भी शिशु को चोट लगना, माता के स्तन में घाव होने पर घाव का रक्त पेट में जाने से, अथवा पाकस्थली गर्म होने से शिशु को रक्त वमन होता है।

शिशु को ठंड लगने, ज्वर आने और चमकीले लाल रक्त का वमन आने पर **एकोनाइट 3x** की 2-3 मात्रा दें।

शिशु को चोट लगने पर रक्त का वमन। **आर्निका 6** की 2-3 मात्रा दें।

शिशु को वमन की इच्छा बनी रहे और चमकीले लाल रंग का वमन हो जिसके साथ खाँसी रहे। **इपीकाक 6** की 2-3 मात्रा देने से आराम आ जाता है।

शिशु को चमकीले लाल रंग का वमन, साथ में मचली रहे। पेट में दर्द। साँस लेना व छोड़ना कष्टकर। जब **इपीकाक** से फायदा न हो तब **फाईक्स रिलिजिओसा 3x** की 2-3 मात्रा देने से अवश्य फायदा होगा।

शिशु को काले रंग का रक्त वमन। **हेमामेलिस 6** की 2-3 मात्रा दें।

शिशु को कुछ चमकीले लाल और जमा हुआ काले रक्त का वमन। चेहरा फीका परन्तु रक्त निकलते समय लाल। **फेरम मेटालिकम 3** या **6** की 2-3 मात्रा दें।

शिशु को चमकीले लाल रंग का वमन, परन्तु और किसी प्रकार का विकार न हो। **मिलिफोलियम 3** या **6** की 2-3 मात्रा दें।

पाचन तंत्र के रोग
(Diseases of digestive system)

1. शिशु/बच्चे में अतिसार/दस्त (Diarrhoea in child)

छोटी आँत **(small intestine)** की क्रिया में गड़बड़ी होने से बालकों में उदरामय (दस्त) हो जाते हैं। शिशु में दस्त माता की अज्ञानता के कारण से भी होते हैं जैसे शिशु जिस आयु में खाद्य हजम नहीं कर सकता उसी को खिलाती हैं ताकि शिशु जल्दी बढ़ जाए यही उसे हानिकारक होता है। दस्त पैदा कर देता है। बहुत अधिक

गर्म या अधिक ठण्ड लगने या पानी में भीगने से भी शिशु और बालकों को दस्त हो जाते हैं। भय, तिरस्कार, आदि मानसिक उत्तेजना से भी दस्त हो जाते हैं। दाँत निकलते समय उपदाह से अनेक शिशुओं को दस्त हो जाते हैं। अधिक समय तक उदरामय भोगने से क्रमशः जीवन शक्ति क्षीण हो जाती है।

शिशु/बालक मल त्यागते समय अधिक काँखता है उसके पेट में दर्द होता है। मल हरे रंग का **(like chopped spinach)** साथ में ज्वर, अस्थिरता (बेचैनी) प्यास, मानसिक उद्वेग। **एकोनाइट 3x** की हर दस्त के बाद एक मात्रा दें। (ठंड लगने से दस्त होने पर यह अधिक उपयोगी है)

आधा पचा सफेद रंग का जल की तरह मल जिसमें दही की तरह टुकड़े रहें। मल पिण्ड **(feacal lump)** तैरता रहता है जीभ पर बहुत मोटी दूध की तरह सफेद लेप। शिशु/बालक अपनी ओर देखने से चिढ़ता है और हाथ तक छूने नहीं देता। **एण्टिम क्रूड 6x** की 2-3 मात्रा दें।

शिशु /बालक जो चीनी, मिश्री, गुड़ अधिक खाते हैं या सदैव खाना चाहते हैं। सफेद रंग का मल कुछ देर तक रखने पर हरा हो जाता है। मल जोर से निकल जाए और छिटक जाए। मल द्वार उधड़ जाता है दस्तों में आधी रात के बाद वृद्धि होती है। **अर्जेण्टम नाइट्रिकम 6x** की 2-3 मात्रा दें। (जो बालक सदा खाना चाहते रहते हैं उनके लिए लाभदायक है)

ठंड लगने के बाद बहुत देर तक रखा हुआ दूध या भोजन या आइसक्रीम खाने के बाद बालक को दस्त अत्यन्त दुर्गन्धमय काले या मैले के समान होते हैं। बार-बार प्यास लगे और जल पीने के बाद उलटी (वमन) हो जाती है। बेचैनी, पाकस्थली और आंतों में जलन। आधी रात में रोग की वृद्धि। **आर्सेनिक 6x** की 2-3 मात्रा दें।

बालक मोटे डील-डौल वाला और सिर बड़ा। सिर पर अधिक पसीना आए। मल में खट्टी गन्ध। अजीर्ण मल जिस पर दही की तरह का पदार्थ तैरे। गर्मी के दिनों और दोपहर में रोग बढ़ता है। **केल्केरिया कार्ब 30** की दिन में दो मात्रा दें।

बालक अधिक कमजोर सिर में पसीना होना बालक का बूढ़ा जैसा दिखाई देना। गर्म जल सा हरे रंग का लसदार मल या अजीर्ण द्रव मिला हुआ। मल जोर से निकले और चारों ओर छिटक जाए। **केल्फेरिया फास 6x** की दिन में दो-तीन मात्रा दें।

पीड़ा हीन जल सा तरल सफेद या पीले रंग का अजीर्ण खाद्य मिश्रित मल। अधिक मात्रा में फेनवाला। मल अत्यन्त दुर्गन्धमय। पेट फूल जाना और भड़-भड़ शब्द की आवाज के साथ मल आना। बालक अधिक कमजोर। दस्त का कारण कच्चे या सड़े फल खाना। **चायना 30** दिन में दो बार दें।

अजीर्ण युक्त मटमैले हरे रंग का मल **(Browish green)** या पीले रंग का पानी-सा मल। जो बन्दूक की गोली समान तेजी से आए। खाने पीने से दस्त बढ़ जाए। इन लक्षणों पर **क्रोटन टिंग-30** की दो मात्रा दें।

पीड़ा रहित अजीर्ण मल जिसमें रात में वृद्धि। खाते-पीते समय मल त्यागना। शिशु/बालक में दुर्बलता और क्षीणता, चेहरा मलिन। **फेरम मेटालिकम 6x** या **3x** की दो-तीन मात्रा दें।

अधिक परिमाण में पीले रंग का या मट्ठे की तरह पतला मल जो जोर लगाने पर निकले। जिसकी बहुत देर तक चेष्टा करनी पड़ती है। जो एक साथ निकल आता है। मल त्यागने के बाद शान्ति मिलती है। मल द्वार में जलन। पेट में बोतल में पानी गिरने का-सा शब्द। **गम्बोजिया-30** दिन में दो बार दें।

शिशु/बच्चे को सवेरे उठते ही दस्त का आवेग बढ़ जाता है। पीले रंग का या मिश्रित हरे पीले रंग का तरल मल। मल त्यागते समय वायु का निकालना। पेट में हड़ हड़ का शब्द होता है। ऐसे दस्त यकृत दोष, उसमें वेदना और आकार में बड़ा हो जाने के कारण होते हैं। **नेट्रम सल्फ 6x** की दो तीन मात्रा दें। (वर्षाकाल में भी यह विशेष उपयोगी है)

शिशु/बच्चे का पुराना उदरामय/दस्त पीड़ा रहित अजीर्ण। पानी-सा मल जिसमें साबुदाने की तरह दाने। पिचकारी की तरह जोर से निकले। **फोस्फोरस-30** एक मात्रा प्रतिदिन दें।

शिशु/बच्चे को सवेरे मल का वेग रहना। उठते ही मल त्यागने की इच्छा। अजीर्ण, परिवर्तनशील झाग वाला दुर्गन्धमय मल। खट्टे दस्त, जल-सा सफेद परन्तु श्लेष्मा सहित। दस्तों में दूध पीने से वृद्धि होती है या चर्म रोग दब जाने से शरीर से दुर्गन्ध आती है। **सल्फर-30** दिन में दो मात्रा दें।

शिशु/बच्चे में पित्त या मोम वाले या चिपचिपे बदबूदार दस्त। जिनका रंग हरा सफेद या पीला। बच्चा चिल्लाए और बेचैन रहे। पैर बार-बार अपने पेट की ओर ले जाए। मुँह लाल रहे। **केमोमिला-12** दिन में तीन चार मात्रा दें।

शिशु/बच्चे को पानी की तरह पतले दस्त जिसमें दूध की मात्रा अधिक रहे और दर्द बिलकुल न रहे। पेट में गैस अधिक बने। **चायना 6** छह-छह घण्टे के अन्तर से दें।

पेट में अधिक खाद्य पदार्थ होने से बच्चे को मतली और उलटी आए मुँह पीला पड़ जाए और बार-बार चिल्लाए। दस्त का रंग हरा पीला कभी-कभी लाल पित्त मिला। मल चिपचिपा अधिक बदबूदार जिसमें खून की धारियाँ पाई जाएँ। **इपीकाक 6** की एक मात्रा हर दस्त के बाद दी जाए। (उस समय तक दी जाए जब तक दस्त बन्द नहीं हो जाए)

दस्त अम्ल और गैस के कारण। जिसमें पेट फूले और मरोड़ आए। मल त्यागते समय पहले बच्चा चिल्लाता है और जोर लगाता है। मल में खट्टी बदबू जो शरीर और कपड़ों में भी आए। **रियूम-6** तीन बार छह-छह घण्टे से दें।

दस्त का कारण शिशु/बच्चे का डर जाना दस्त के साथ बुखार आए।

एकोनाइट-6 तीन-चार मात्रा दें।

2. आमवात
(Dysentry)

बड़ी आँत या कभी-कभी छोटी आँत की श्लेष्मा झिल्ली या छोटी ग्रन्थि समूह में प्रवाह होने से घाव उत्पन्न होते हैं। जिसके कारण यह रोग उत्पन्न हो जाता है। दूषित खाना खाने या दूषित पानी पीने से और अधिक ठंडा या गर्म खाने से भी पैदा हो जाता है। इसमें बार बार शौच का वेग रहता है। पेट में कूथन या काँखना, पेट में मरोड़ आदि लक्षण रहते हैं। मल के साथ या बिना मल के साथ सफेद आँव आती है तो उसे सफेद आमवात कहते हैं और अगर मल के साथ रक्त आए तो उसे खूनी आमवात कहते हैं।

मल त्यागने से पहले काँखना और नाभि के चारों ओर पीड़ा। रक्त या आँव मिला मल वायु निकलने के साथ मल निकलना। पेट में गड़गड़ाहट और अधिक मात्रा में मल त्यागना। **ऐलो 6x** या **30** दिन में दो तीन बार दें।

रोग बढ़ जाने पर अनजाने में मलद्वार से आँव निकलना। शिशु निस्तेज हो जाता है। पेट में तनाव व डंक मारने जैसा दर्द। हरे या पीले रंग की आँव के साथ मल। पेशाब कम आए। शरीर पर सूजन रहे। **ऐपिस मेल-30** दिन में दो बार दें।

नाभि के चारों ओर पीड़ा व काँखना। सफेद या रक्त युक्त आँव आए। **अरिस्टा इण्डिका 3x** एवं **अरिस्टा रेडियम 3x** दिन में दो तीन बार दें। (अगर सफेद आँव आए तो **इण्डिका** और रक्त वाली आँव आए तो **रेडियम** दें)

चमकदार सफेद आँव या रक्त मिली चमड़े की तरह आँव आए। मल त्यागने से पहले पीड़ा, त्यागते समय काँखना और बहुत देर तक काँखने पर शिशु सो जाता है। **कोलचिकम 30** दिन में दो बार दें।

बहुत अधिक पेट पीड़ा सहित सफेद या रक्तमय आँव मल के साथ आए। पेट दबाने या पैर सिकोड़ने से आराम मिले। **कोलोसिन्थ 6x** या **30** दिन में दो तीन बार दें।

आँव के साथ अधिक रक्त या रक्त बिलकुल न रहे। मल त्यागने से पहले, त्यागते समय और बाद में खूब काँखना, रोग में रात को अधिक वृद्धि, पेशाब कम और पेशाब नली में जलन, **मर्क सोल 30** या **मर्क कोर 6** की दो मात्रा दें आँव के साथ रक्त की मात्रा अधिक हो तब **मर्क कोर** और आँव में रक्त का भाग कम या न रहे तब **मर्क सोल** दें।

रक्त आँव सहित पतला या स्वाभाविक मल, मल त्यागने से पहले काँखना और पीड़ा, मल त्यागने के बाद पीड़ा नहीं। बार-बार मल त्यागने की इच्छा, प्रातःकाल रोग में वृद्धि, शिशु स्वभाव में चिड़चिड़ा और अकेला रहना चाहे। **नक्स वोमिका-30** की

दो मात्रा दें।

मवाद सहित हरे या पीले रंग की आँव मल में आए या रक्त रेखा सहित आँव व मल आए, आधी रात के समय रोग बढ़े। **सल्फर 30** की दो मात्रा सुबह और दोपहर में दें।

3. आँत उतरना/हर्निया (Hernia)

इस रोग में आँत का कोई भाग अपने निश्चित स्थान से हटकर किसी प्राकृतिक अथवा उत्पन्न छेद के रास्ते बाहर निकलता है। उस स्थान पर सूजन हो जाती है।

यह रोग बच्चों में जन्मजात दुर्बलता, पेशाब या मल त्यागते समय अधिक जोर लगाना या पैर पर पैर चढ़ जाने के कारण हो जाता है।

शिशु की नाभि से आँत बाहर आए तो **आर्निका 3** की 2-3 मात्रा दें या **सल्फ्यूरिक एसिड 6** की 2-3 मात्रा दें। साथ-साथ एक छोटी गद्दी से नाभि को इस तरह दबा दें की आँत बाहर न निकल सके।

बच्चों में बायीं ओर का हर्निया होने पर (आँत उतरना) **एसिड सल्फर 30** या **नक्स वोम 30** की 2-3 मात्रा दें। बच्चों में दायीं ओर के हर्निया में **लाइकोपोडियम 30** की 2-3 मात्रा दें।

4. शिशु की आँत बढ़ना (Congenital hernia)

शिशु के काँखने, ज्यादा हँसने या रोने से पेट की ऐंठन के कारण उसकी नाभि से आँत निकल आती हैं। जिसे नाभि की आँत **(Umbilical hernia)** कहते हैं। इस रोग में **सल्फर 30** की एक मात्रा देनी चाहिए। आराम न आने पर 10-15 दिन बाद **नक्स वोम-30** की एक मात्रा खिलानी चाहिए एक सप्ताह बाद फिर **सल्फर 30** की एक मात्रा देनी चाहिए। रोग में फिर भी आराम न आने पर **कोक्युलस 6** की एक मात्रा प्रतिदिन खिलायें जब तक आराम न आए।

5. बच्चों में उलटियाँ (Vomiting)

पेट में अपच **(indigestion)** हो जाने के कारण बच्चों को उलटियाँ होने लगती हैं।

उलटी के साथ बच्चे को अत्यधिक बेचैनी बार-बार जगह बदलता है। कभी गोद में रहना चाहता है कभी लेटना चाहता है। बच्चा जल्दी डर जाता है। कभी-कभी उलटी कुछ भी खाने के बाद कर देता है। **आर्स एल्ब 200** की एक खुराक हर दो घण्टे बाद दें। लाभ होने पर समय बढ़ा दें।

जब बच्चा दूध न पचा सके। दूध पीने के बाद बच्चा बेचैनी महसूस करे और तुरन्त बाद दही की-सी उल्टी कर दे। **इथूजा 30** इसकी एक मात्रा हर उलटी के बाद दें।

6. बच्चे में कब्ज (Constipation)

गर्भावस्था में माता को कब्ज रहना, खान-पान की चीजों का दोष, बच्चा माता का दूध न पीकर गाय का दूध पीता है। यकृत की गड़बड़ी आदि के कारण बच्चों को कब्ज रहता है। बच्चों में कब्ज रहने पर **ब्रायोनिया 30** एक उत्तम दवा है इसकी 2-4 खुराक से फायदा हो जाता है। कब्ज के साथ अगर खाने के बाद कै हो तो **ब्रायोनिया** अच्छा काम करती है।

बच्चों का मल कड़ा व सफेद रंग का जिसमें खाई हुई चीजों के कण मिले हुए होते हैं। कब्ज के कारण बच्चा दिन प्रतिदिन कमजोर होता जाता है। **केल्के कार्ब-6** दिन में तीन बार दी जानी चाहिए।

मल बहुत कड़ा और बहुत तकलीफ से थोड़ा निकलता है, पेट में वायु के कारण गड़गड़ रहती है। **लाइकोपोडियम-30** दिन में दो मात्रा दें।

मल मोटा लम्बा और कठिनाई से निकलता है, पेट में ऐंठन या पेट फूला रहता है। **नक्स वोम-30** दिन में दो बार दें।

पतले दस्त के बाद या जुलाब देने के बाद बच्चों को कब्ज रहता है और गाँठ-गाँठ रूप में मल आता है। **ओपियम-3** की 1-2 मात्रा प्रतिदिन थोड़े समय तक देनी चाहिए।

बार-बार कब्ज रहने पर और दवाओं के साथ **सल्फर 30** की एक मात्रा बीच-बीच में देनी चाहिए।

बच्चे का पेट फूला रहता हो, मल कड़ा और लाल रंग का रहे। इन लक्षणों में **प्लम्बम मेट 3** का प्रयोग दिन में दो बार करें और कुछ समय तक करना चाहिए।

बच्चों में पाचन शक्ति की कमजोरी और आमाशय के यंत्रों में गड़बड़ी, जीभ पर सफेद लेप रहने पर **एण्टिम क्रूड-30** की 1-2 खुराक प्रतिदिन ठीक होने के समय तक देनी चाहिए।

अगर बच्चा माँ का दूध पीता हो तो माँ को भी बच्चे के साथ साथ इन्हीं दवाइयों का सेवन करना चाहिए।

कब्ज के साथ बच्चा शरीर से मोटा, थुल-थुला हो और उसे अधिक पसीना आता हो तो **केल्केरिया कार्ब-6** की एक मात्रा चार-चार घण्टे के अन्तर से दिन में चार बार दें।

बच्चे को कब्ज के कारण मल त्यागने में बड़ी कठिनाई अनुभव हो और मल

सख्त छोटी-छोटी काँच की गोलियों के समान आता हो। मल इतना कठोर होता है कि बच्चे की गुदा में चीरे पड़ जाते हैं। बच्चा देखने में गन्दा और कमजोर होता है। **ग्रेफाइटिस-30** छः-छः घण्टे से दिन में तीन मात्रा देने से कब्ज की शिकायत दूर हो जाती है।

7. बच्चे की कांच बाहर आना (Prolapsus of rectum)

गुदा की कमजोरी और उसके तन्तु ढीले पड़ जाने से या कब्ज के कारण। मल त्यागते समय चोट लगने पर या पेशाब करते समय गुदा बाहर निकल आती है। **ऐलो 3x** की 2-3 मात्रा दें। (कांच निकलने की उत्तम दवा है) इसकी 2-3 मात्रा दिन में देनी चाहिए। अगर ऐलो से फायदा न हो तो **पोडोफाइलम** 12 की 2-3 मात्रा दें।

पेशाब करते समय कांच निकले तो बच्चे को **एसिड म्यूर** 6 की 2-3 मात्रा प्रतिदिन देनी चाहिए।

8. बच्चों की ग्रीष्मकाल की व्याधियाँ (Summer complaints)

गर्मियों के दिनों में बच्चों को पहले मितली और फिर उलटियाँ शुरू हो जाती हैं उसके तुरन्त बाद में दस्त लग जाते हैं जो जल्दी-जल्दी बार-बार आते हैं। कभी दस्त हरे पतले पानी की तरह होते हैं। तो कभी पीले और कभी सफेद लसदार खून मिश्रित। अधिकतर खाया हुआ खाना अपच के रूप में ऐसे ही निकल जाता है जिसमें अधिक बदबू आती है। इस बीमारी का कारण वातावरण में बदलाव, ताजी हवा की कमी, बच्चे के दाँत निकलना मुख्य हैं।

बच्चे की जीभ पर सफेद या पीली परत, मुख सूखा रहना, प्यास, मतली और उलटियों के साथ में कफ निकलना, पेट बढ़ना और फूलना, बदबूदार पखाना। **ऐंटिम क्रूडम-6** दिन में तीन बार दी जानी चाहिए।

बच्चे को भूख लगना बन्द, मतली और उलटियाँ। अत्यधिक प्यास। पीले पतले सफेद या भूरे बदबूदार दस्त जो आधी रात के बाद बढ़ जाते हैं। बच्चा कमजोर, पेट बढ़ा हुआ और हाथ पैर ठंडे रहते हैं। **आर्सनिक एल्ब 30** दिन में दो बार दी जानी चाहिए।

बच्चे को जब दस्त गर्म मौसम के कारण हो जाते हैं। उसे अधिक प्यास रहती है। खाए हुए खाने की उलटियाँ हो जाती हैं। दस्त के साथ पेट दर्द, दस्त बदबूदार सफेद या भूरा टुकड़ों के साथ। **ब्रायोनिया 6** की तीन मात्रा दी जानी चाहिए।

बच्चों में दस्त बहुत पतले और बदबूदार दस्त के बाद जलन और दर्द। **कार्बो बेज-6** तीन मात्रा दें।

जैसे ही मौसम ठंडा होता है हर साल बीमारी हो जाती है गर्मी में ठंडा पानी पीने से यह बीमारी हो जाती है ठंडे पानी की अधिक प्यास, दस्त हरी या भूरी श्लेष्मा के रूप में आए जो रात में अधिक आए। **डलकेमारा-6** तीन मात्रा प्रतिदिन दी जानी चाहिए।

बच्चे को मितली, खाए पिए पदार्थ की उलटी या पित्त और श्लेष्मा की उलटी। झागदार दस्त जिसमें सफेद टुकड़े तैरें या खून मिले दस्त। जीभ सफेद कुछ भी खाना पसन्द न करे प्यास की अधिकता। **एपिकाक 3** दिन में 2-3 बार दें अगर यह दवा बीमारी के शुरू में दे दी जाती है तो बीमारी उग्र रूप नहीं लेती है।

बच्चे को आधी रात से पहले दस्त रहें। जिसमें पेट में दर्द और मल त्यागने के लिए जोर लगाना पड़ता है और पसीना भी आता है। मल कम मात्रा में निकलता है जो हरा व खट्टी बदबू वाला होता है। मतली व डकार आती हैं। बच्चा मक्खन पसन्द करता है। **मर्क्यूरियस-6** दिन में तीन मात्रा दी जानी चाहिए।

बच्चे को दस्त पतले और हल्के रंग के जिससे सड़े अंडे की-सी बदबू आए। उलटी, माथे पर अधिक पसीना। बच्चे का पेट बढ़ा हुआ होता है। **केल्केरिया कार्ब-6** तीन मात्रा दी जाए।

बच्चे को मतली और उलटी से अधिक कमजोरी हो जाती है जिसके कारण बेहोशी आने लगती है जरा से चलने फिरने और कुछ भी पीने से उलटी हो जाती है। ठंडे पानी की अधिक प्यास। पेट में जलन और काटने वाला दर्द। पतला भूरा और काला मल जो अपने आप निकल जाता है। **वेरेट्रम एल्ब 6** की तीन खुराक दी जानी चाहिए।

9. गुदाद्वार का फटना
(Fissure at anus)

कठोर कब्ज या गुदा में खुजली के कारण बच्चे का गुदा द्वार फट जाता है। मल त्यागने के बाद गुदा में अत्यन्त दर्द व जलन होती है। **नाईट्रिक एसिड-200** की एक मात्रा दिन में एक बार खिलाएँ और **केलेन्डुला Q** मल्हम का बाहरी प्रयोग करें।

10. बच्चों में तिल्ली का बढ़ जाना
(Spleen enlargement)

बच्चों को बहुत दिनों तक मलेरिया ज्वर रहने पर तिल्ली बढ़ जाती है, फूल जाती है और कड़ी हो जाती है। उसमें दर्द होता है। **क्विनेन** या **आर्सेनिक** का अधिक सेवन करना भी तिल्ली को बढ़ाता है और कड़ा करता है। **मर्क विन आयोड 6x** विचूर्ण दिन में 2-3 मात्रा तिल्ली रोग की एक उत्तम दवा है। **सियेनोथस Q** तिल्ली पर लगाने और खिलाने (2 बूंद 2 चम्मच पानी में दिन में 2-3 बार) से भी फायदा होता है।

11. शिशुओं में दूध की उलटी
(Vomiting of milk)

पाकस्थली की स्नायविक उत्तेजना के कारण शिशु जो दूध पीता है उसी की उलटी (कै) कर देता है।

जब बच्चे को दूध न पीने की इच्छा रहे और दूध पीते ही खट्टी बदबूदार पित्त मिली हरे रंग की उल्टी कर देता है। बच्चे को कब्ज की शिकायत रहती है। **नक्स वोम-6** की 2-3 मात्रा देनी चाहिए।

बच्चे की पाचन क्रिया की गड़बड़ी के कारण, बच्चा दूध पीने के तुरन्त बाद में जमा दही जैसी उलटी कर देता है। **पल्साटिला 6** की 2-3 मात्रा देनी चाहिए।

बच्चा अम्ल के कारण फटे दही जैसी उलटी करता है और उलटी के बाद बदबूदार दस्त आते हैं। **केल्के कार्ब 30** दिन में दो बार दें।

बच्चा दूध पिलाने के कुछ देर बाद जमे हुए थक्के की तरह दही की उलटी कर देता है और उसके बाद सुस्त हो जाता है। दोबारा दूध पिलाने पर फिर उसी तरह की उलटी कर देता है। **इथूजा 6** की 2-3 मात्रा देनी चाहिए। बच्चे में ऊपरी लक्षण रहने के साथ अगर वह दूध के साथ पित्त या लार की तरह श्लेष्मा मिली उलटी करता है तो **इपिकाक 6** की 2-3 मात्रा का प्रयोग करना चाहिए।

12. बच्चों के पेट की ऐंठन
(Colic in child)

दूध पीते बच्चे की माँ के खाने में गड़बड़ी से या बच्चे को ज्यादा गाय का दूध पिलाने से, सर्दी लगना, या पेट में कीड़े होने के कारण पेट में ऐंठन होती है बच्चा रह-रह कर रो उठता है। **मेगनिशियम फास 6x** की चार गोलियाँ देने से पेट दर्द व फूलना दूर हो जाता है।

बच्चे का पेट फूला और कडा रहता है जिसकी वजह से वह बेचैन रहता है। घुटने पेट की ओर लगाकर रखना चाहता है। हमेशा गोदी में रहकर घूमना चाहता है। हरे रंग के पतले दस्त होते हैं। हाथ-पैर ठण्डे रहते हैं। **कोलोसिन्थ-6** तीन बार दें।

बच्चा सदैव मल त्यागने की चेष्टा करता है। परन्तु मल न निकल कर वायु निकलती है या मल बहुत कम मात्रा में निकलता है तथा कृमि रहने पर **सीना 3x** की 2-3 मात्रा से फायदा होता है।

बच्चे के पेट में ऐंठन, पेट फूला हुआ और कड़ा, पेट में दर्द अधिकतम शाम को होता है। **चायना-6** तीन खुराक तीन बार दें।

बच्चे को नाभि के चारों ओर ऐंठन, कै या मचली, सड़ी, खट्टी बदबू से भरा हरे रंग का पतला दस्त। या हरे रंग की गोली की तरह के दस्त। **इपिकाक 3** तीन बार

दी जानी चाहिए।

बच्चे को कब्ज रहने के कारण ऐंठन या नाभि के ऊपरी भाग में ऐंठन। **नक्स वोम-30** की तीन खुराक दें।

13. बच्चों के पेट में कीड़े (Worms)

गंदा पानी पीने से या स्वच्छता न बरतने से पेट में कीड़े हो जाते हैं और शिशु एवं बच्चे इसका शिकार हो जाते हैं।

बच्चा सदैव ही डरा हुआ रहता है रात में अधिकतर चिल्लाया करता है सोते-सोते गुदा में खुजली होने के कारण उठ जाता है उसे हर समय भूख लगती है और जैसे खाता है उसे दस्त लग जाते हैं। बच्चा दस्त व पेट दर्द से पीड़ित रहता है साथ में उसे खाँसी रहती है कीड़ों के कारण बच्चे की गुदा में खुजली और रात में उठ बैठता है और रोता है। ऐसे लक्षणों में बच्चे को **सीना 200** की एक मात्रा रोज रात के समय देने से कीड़े मर कर बाहर निकल जाते हैं।

14. शिशु/बच्चे का पेट फूलना (Tympanites)

पेट फूलना अन्य रोगों का उपसर्ग है। इससे शिशु अधिक कष्ट पाते हैं।

ऊपरी पेट फूलना। अति बदबूदार डकार और वायु का विसर्जन। डकार आने पर कुछ आराम मिलना। अपच से पेट फूलना। साधारण खाना भी न पचना। दूध पीने से पेट फूले। **कार्बो वेज 6** की दो-तीन मात्रा दें।

नीचे का पेट फूले अधिक वायु का संचय जिसके कारण पेट में गड़गड़ाहट, वायु इधर उधर घूमे, खट्टी डकार आए। **लाईकोपोडियम 30** की 2 मात्रा दिन में दें।

पेट फूलना पीड़ा के साथ और भोजन के बाद पेट कड़ा, कब्ज, बार बार मल त्यागने की इच्छा किन्तु शौच साफ न आए। **नक्स वोम 6x** की 2 मात्राएँ दें।

अजीर्ण के कारण पेट फूले, पेट में पीड़ा दबाने से आराम आए। **ऐसिड फ्लोरिक 30** की 2 मात्राएँ दें।

ऊपरी पेट में वायु का संचय होना, डकार आए परन्तु वायु न निकले, अति अधिक पेट फूलने से ऐसा लगे कि पेट फट जाएगा। **एसाफोटिडा 6** दिन में दो बार दें।

पेट में अत्यधिक वायु, वायु किसी प्रकार से न निकले और पेट फूले। **रेफैनस 6x** दो तीन मात्रा दें।

अजीर्णता से पेट फूले, डकार से आराम न मिले। **चायना 6x** या 30 की दो तीन मात्रा दें।

पेट में कृमि के कारण पेट फूले, शिशु चिड़चिड़ा और रात को ठीक तरह से न सोए दाँत किटकिटाए। **सिना-200** की एक मात्रा दें।

15. मचली/मतली और वमन (Nausea/Vomiting)

इस बीमारी का कारण पेट की गड़बड़ी, पेट में कृमि होना, चोट लगना आदि होता है। इसमें बच्चे को मतली रहती है। जो खाता है उसी की कै (उल्टी) कर देता है। बार-बार उलटी होने के कारण और बहुत गर्म होने पर खून की कै भी हो जाती है।

बच्चे को मचली या उलटी होने पर **इपिकाक 3x** की 2-3 मात्रा दें।

बार-बार मचली और उबकाई आने पर। **एण्टिम टार्ट-6** की 2-3 खुराक देनी चाहिए।

अगर उलटी के साथ लाल रंग का खून आए तो। **फास्फोरस-6** को 2-3 बार दें।

उलटी में काला खून आए तब **हेमामेलिस 3x** की 3-4 मात्रा दें।

चोट के कारण बच्चे को उलटी आए तब। **आर्निका 3x** की 3-4 मात्रा दें।

बच्चे को उलटी का कारण पेट में कृमि हो तो **सीना-200** की एक मात्रा दें।

16. बच्चों को भूख न लगना (Appetite lost)

बच्चे को बहुत भारी चीजें खिलाने, खाना खाने के बाद तुरन्त सो जाना, ज्यादा दवा का सेवन और मेहनत बिलकुल न करने एवं सदैव जागना आदि कारणों से भूख लगना बन्द हो जाती है। **नक्स वोम-6** इसकी एक बढ़िया दवा है जिसको दिन में 2-3 बार दें। फायदा न होने पर **प्लसेटिला-3, केमोमिला-12** और **जेशियाना लुटिया** का प्रयोग करना चाहिए।

17. बच्चों में यकृत सम्बन्धित रोग (Liver related ailments)

बच्चों में यकृत की गड़बड़ी के कारण पीलिया रोग हो जाता है। जो स्वयं में रोग नहीं है परन्तु इसके द्वारा यकृत क्रिया में रुकावट होना दर्शाता है। पीलिया रोग में अनेक प्रकार की शिकायतें हो जाती हैं जिनका निवारण होम्योपेथिक दवाइयों द्वारा हो जाता है।

शिशु के पीलिया रोग में **कैमोमिला 6** की 2-3 मात्रा दें अगर फायदा न हो तो उसके बाद **मर्क 6** की 2-3 मात्रा दें। जिससे फायदा होना चाहिए।

शिशु के पीलिया रोग में जब कब्ज रहे और शिशु चिड़चिड़ा हो जाए तब **नक्स**

वोम 6 की 2-3 मात्रा दें।

बच्चों का चेहरा पीला, आँखें सफेद। मल सफेद और बदबूदार। बच्चा गोदी में रहना चाहता है। **कैमोमिला 6** की 2-3 मात्रा दें। (जिसका कारण सर्दी भी हो सकता है)

पूरे शरीर का पीला पड़ जाना, पेट बड़ा हो जाना। यकृत के पास दबाने से दर्द। मल सफेद और खाया हुआ पदार्थ आसानी से मल के साथ आ जाए। **चायना 6** की 2-3 मात्रा दें।

बच्चे का सारा शरीर पीला हो जाना। भूरा सफेद मल जो कठिनाई से आए। ज्यादा पेशाब। **मर्क्युरियस 6** की 2-3 मात्रा दें।

यकृत के पास सूजन व कड़ापन। कब्ज रहना व मल का कठिनाई के साथ आना। कभी-कभी पेट में दर्द। **नक्स वोम 30** की 2-3 मात्रा दें।

18. बच्चों की राक्षसी भूख (Vorcious hunger)

पेट में कीड़े रहने या पाचन क्रिया की गड़बड़ी रहने पर बच्चे को बहुत भूख लगती है।

कीड़ों के कारण अधिक भूख लगे। **सीना 2x** दिन में 2-3 बार दें।

पेट भरा रहने पर भी बच्चे को भूख लगे। **स्टैफिसेग्रिया 6** दिन में 2-3 मात्रा दें।

बच्चे को भोजन करने के बाद भी भूख लगे **लाइकोपोडियम-30** की एक मात्रा दिन में दें।

19. बच्चों को यात्रा के समय उलटी होना (Vomiting during travelling)

नाव, जहाज, रेल वगैरह में यात्रा करते समय बच्चों को मितली या उलटियाँ होने लगती हैं ऐसी स्थिति में **कॉक्युलस इण्डिका 6** एक उत्तम दवा है जिसकी एक मात्रा यात्रा में जाने से पहले दें और अगर फिर भी उलटियाँ हों तो हर उलटी के बाद एक खुराक दें।

20. पाकाशय के सामान्य रोग (General diseases of stomach)

पाकाशय पाचन क्रिया का एक महत्वपूर्ण अंग है इसकी क्रिया में गड़बड़ी हो जाने से बच्चों को अनेक प्रकार के रोग उत्पन्न हो जाते हैं जैसे—गैसट्राइटिस, खून की उलटी, अपच, कब्ज, पेट दर्द, मुँह में पानी आना, पेट फूलना आदि।

शिशुओं और बीमार बच्चों के कब्ज में। **सोरिनम 30** की दो मात्रा दें।

बच्चे का पेट गैस से फूला नजर आए और दर्द हो तो **सीना 30** की 2-3 मात्रा दें।

ऐसे दस्त जिसमें बच्चों को खाना या पानी भी हजम न हो । **ट्रोम्बोडीयम 6** की 2-3 मात्रा दें।

बच्चों का पेट बढ़ जाने पर **सल्फर 200** की एक मात्रा सुबह दें।

बच्चों में कब्ज अथवा गरमी के मौसम में होने वाले दस्त। बच्चों के होंठ सूखे व फटे हुए दिखें। खाने के बाद खाना बाहर आ जाए, मल गहरा सूखा तथा कड़ा काला सा। **ब्रायोनिया 30** की दो मात्रा दें।

माँ के दूध पर ना पलने वाले बच्चे जिन्हें अकसर कब्ज रहता है। मल सख्त अनपचा व हल्के रंग का, बच्चे के पैर ठण्डे व गीले रहते हैं। बच्चा पीले रंग का और थुलथुले शरीर वाला होता है। **एल्यूमिना 30** की दो मात्रा दें।

मल अति सख्त थोड़ा या ज्यादा मात्रा में, कठिनाई से निकलने वाला और आवाज के साथ निकले। पेशाब में लाल रंग का पदार्थ। **लाइकोपोडियम 30** की दो मात्रा दें।

मल ठोस, लम्बा, सख्त और कठिनाई से निकले। बार-बार मल त्यागने की इच्छा, पेट में दर्द जिसके कारण नींद ना आए। **नक्स वोम 30** की सुबह और रात में एक-एक मात्रा दें।

दस्त के बाद कब्ज हो जाना, जुकाम के कारण काफी दिन तक कब्ज रहे। मल काला गोली के समान आए। **ओपियम 30** की दो मात्रा दें।

दूध की उलटी, मल हरा पतला और बदबूदार। चेहरा पीला और सफेद। गर्दन सिर का भार नहीं सह सकती। बच्चे की त्वचा गंदी भूरी होती है। बच्चा बेचैन और डरा हुआ रहता है। पेट फूला हुआ रहता है। **कैल्केफॉस 30** की दो मात्रा दें।

पेट का दर्द अधिकतर शाम को होता है। पेट में खड़खड़ाहट के साथ बच्चा मल त्यागे और पेट को छूने ना दे। **पल्साटिला 6** की 2-3 मात्रा दें।

बच्चा छटपटाता रहता है और बिल्कुल भी सो नहीं सकता है। बदन एकदम गरम रहता है, मुँह तमतमाता रहता है। **कॉफिया, या ओपियम 30** की दो मात्रा दें।

मल पतला और सफेद तथा पेशाब लाल, शरीर की त्वचा सूखी और गरम। अधिक बेचैनी रहती है। **एकोनाइट 30** की दो मात्रा दें।

बच्चे को अधिक नींद आए व स्वयं को असामान्य महसूस करे। सोते वक्त बड़बड़ाए, एकाएक चिल्लाए और परेशान रहे। नींद आने पर भी सो न पाए। मल छोटा हरे रंग का आए। चेहरा लाल या पीला। **बेलाडोना 30** की तीन मात्रा दें।

सफेद पतला मल, माथे पर सोते समय अधिक पसीना आए। बच्चे का शरीर

मुलायम व थुलथुला। **कैल्के कार्ब 200** की एक मात्रा दें।

बच्चा परेशानी से हाथ पैर पटकता है। पेट फूला रहता है, बदन गरम रहता है। एक गाल लाल रहता है। बच्चा गोद में रहना और इधर-उधर घूमना चाहता है। मल पतला, हरा और जलन पैदा करने वाला। मल त्यागने पर पेट में दर्द। मल से अण्डे जैसी बदबू आए, दस्त रात के समय में अधिक आए। **कैमोमिला 12** की 2-3 मात्रा दें।

हरे पीले रंग के पानी से दस्त या सफेदी लिए हुए दस्त जो कि ठण्डी चीज खाने से बढ़े या ठण्ड के कारण बढ़ जाए। **डल्कामारा 6** की 2-3 मात्रा दें।

बच्चों के दस्त में मल झागदार व बदबूदार घास के समान हरा। जिसमें श्लेष्मा रहे। अधिक उबकाई और उलटी आए। अधिक भारी खाना खाने के कारण पेट में दर्द। **इपिकाक 30** की तीन मात्रा दें।

बच्चे को खट्टी बदबू युक्त दस्त। मल हरा और पानी वाला। ज्यादा उबकाई और उलटी। उलटी खट्टी हो। **मैग कार्ब 6** की तीन मात्रा दें।

मल काला और हरा। मल त्यागने के पहले और बाद में अत्यधिक थकान और ज्यादा तकलीफ रहे। जो गरम मौसम में बढ़ जाए। मुँह खट्टा रहे। **मर्क्युरियस 200** की एक मात्रा दें।

दर्द रहित दस्त अधिक मात्रा में पानी से आए। अथवा पीला श्लेष्मायुक्त अपाच्य मल। कभी-कभी मल बाहर से श्लेष्मा की परत से ढका रहता है। मल त्यागते समय गुदा का बाहर आ जाना। **पोडोफाइलम 6** की तीन मात्रा दें।

मल हमेशा अलग तरह का, कभी हरा, कभी पीला, कभी भूरा, अनपचा मल। सुबह जल्दी में बिना दर्द वाले दस्त रहना। **सल्फर 200** की एक मात्रा सुबह दें।

बच्चा खुश हो या डरा रहे। पेट की गड़बड़ी के कारण दर्द हो। **एकोनाइट 30** की दो मात्रा दें। **एकोनाइट** से आराम न मिलने पर **ओपियम 30** की दो मात्रा दें।

दर्द के साथ पेट फूलना। दर्द के कारण बच्चा छटपटाए। बच्चा चिड़चिड़ा हो जाए, और इधर-उधर गोदी में घूमना पसंद करे। दर्द के साथ ही पीले रंग के दस्त। पेट का दर्द किसी निश्चित समय पर आए। बच्चा चिल्लाये किन्तु ठीक होने के बाद हँसने लगता है। **चायना 30** की दो मात्रा दें।

सदैव शाम के वक्त पेट में दर्द रहे। **पल्साटिला 30** की तीन मात्रा दें।

पेट दर्द के कारण बच्चा छटपटाए। पैरों को पेट की ओर सिकोड़े और पैर फैलाकर नहीं सो सके। **कोलोसिन्थ 6** की तीन मात्रा दें।

ऐसा खाना जो कठिनता से पचे। बच्चा ऐसा खाना खाए जिसके कारण पेट फूले और दर्द हो। बच्चा पेट की ओर पैरों को सिकोड़े और फिर उनको आगे की ओर फेंके। उसे मल त्यागने में कठिनाई हो। मल ठोस लम्बा सख्त हो। **नक्स वोम 30** की दो मात्रा दें।

मूत्र संस्थान के रोग

(Diseases of urinary system)

1. बच्चों में पेशाब का रुक जाना (Retention of urine)

बच्चों में अगर पेशाब रुक जाए तो **ऐकोनाईट 6** की 2-3 खुराक देने से पेशाब आ जाता है। अगर **ऐकोनाईट** से फायदा न हो तो **पल्सटिला 6** से फायदा हो जाता है अगर फिर भी फायदा न हो तो **नक्स वोमिका-6** की 2-3 खुराक शिशु को कुछ दिन तक दें।

जननांगों के रोग

(Diseases of genitalia)

1. बच्चों के अण्डकोष में पानी भर जाना (Hydrocele)

बच्चों में अण्डकोष के निचले चमड़े के भीतर पानी भर जाता है। जिसके कारण वह बढ़ जाते हैं और चमकीले दिखाई देते हैं प्रसव के समय किसी प्रकार की चोट लगने के कारण या धातु दोष होने के कारण यह बीमारी पैदा हो जाती है। आन्त्र वृद्धि के साथ बच्चों में यह बीमारी मौजूद रहती है।

बच्चों में चोट लग जाने के कारण अण्डकोष में पानी भर जाए। **आर्निका 3** दिन में तीन मात्रा दें। और जन्म लेते बच्चों के रोग में। **ब्रायोनिया 3** तीन मात्रा प्रतिदिन। आँत उतरने के साथ यह रोग हो तो **केल्केरिया कार्ब-6** दिन में तीन मात्रा दें।

जिस बच्चे को चर्म रोग के साथ यह रोग हो तो **ग्रेफाइटिस-6** तीन खुराक दें।

धातुग्रस्त (सोरा) वाले बच्चे में यह रोग हो तो **सल्फर 200** की एक मात्रा सुबह हर हफ्ते कुछ समय तक दें।

2. बच्चे का अण्डकोष या ग्रन्थि प्रदाह (Inflamation of testicle or glands)

इस बीमारी का कारण चोट लगना, सर्दी लगना या प्रमेह रोग आदि होना है। इसमें

अण्ड कोषों की गाँठें फूल जाती हैं या शरीर की ग्रन्थि का प्रदाह हो जाता है।

बच्चे के गिर जाने या चोट लगने से अण्डकोष फूल जाए। **आर्निका 3x** की दिन में तीन मात्रा दें।

सर्दी लगने के कारण गाँठ फूले और बुखार आने पर **एकोनाइट 3x** की तीन मात्रा दें।

बच्चे के अण्डकोष की गुठली फूलने पर **पल्सटिला 3** की तीन खुराक दी जानी चाहिए।

प्रमेह या उपदंश के कारण बच्चे में गाँठ के पैदा होने पर। **कोनियम 3** की तीन मात्रा दी जानी चाहिए।

हड्डियों, मांसपेशियों और जोड़ों के रोग
(Diseases of bones, joints and muscles)

1. बच्चों का सन्धि वात
(Rhuematism)

अधिकतर सन्धि शोध रोग वयस्कों व बड़ों में पाया जाता है परन्तु इस रोग से बच्चे भी पीड़ित पाए जाते हैं क्योंकि इस रोग की व्याख्या सबसे पहले ज्योर्ज स्टिलस ने की थी इसलिए इसे स्टिल्स डिसीज के नाम से भी जाना जाता है।

पहले एक या दो जोड़ सूज जाते हैं इसलिए बच्चे ठीक प्रकार से चल नहीं पाते। इसमें कई जोड़ प्रभावित हो सकते हैं।

इसके अलावा बच्चे **एन्कोयाइ लेजिया स्पोडिलाइटिस (Ankylising spondylrtis)** से भी पीड़ित हो जाते हैं।

ठंड लगने या ठंडी हवा से एकाएक सन्धि वात का तीव्र आक्रमण होता है। बुखार एकदम 104^0 चला जाता है, तेज बुखार के साथ त्वचा खुश्क हो जाती है। प्यास रहती है। पेशियों में तीर लगने का सा दर्द, अंग सुन्न पड़ जाते हैं। **ऐकोनाइट-200** सुबह व शाम दो खुराक दें।

जोड़ में सूजन के साथ वे लाल व गर्म हो जाते हैं जलते हैं। छूने से और हरकत से दर्द होने लगता है। **बेलोडोना-30** चार-चार घण्टे से तीन बार दें।

जोड़ो सूज जाते हैं और लाल हो जाते हैं कड़े पड़ जाते हैं सुई बिंधने का-सा दर्द होता है। जरा सी हरकत से दर्द बढ़ जाता है, बच्चे को बड़ी प्यास लगती है और वह चाहता है कि उसे अकेला छोड़ दिया जाए। **ब्रायोनिया 6** दिन में तीन बार

6-6 घण्टे के अन्तर से दें।

रात में और खासतौर से शुरुआत रात में दर्द होने लगता हैं दर्द इतना तेज होता है कि बच्चा शान्त नहीं रह सकता है। और उसे गोद में लेना ही पड़ता है। **केमोमिला-12** हर तीन घण्टे के अन्तर से दें।

सर्दी या गर्मी दोनों को ही बच्चा सहन नहीं कर सकता। रात को दर्द बढ़ जाता है और बिस्तर की गर्मी से रोग और बढ़ जाता है। **मर्क सोल-6** हर चार घण्टे के बाद एक खुराक दें।

वात रोग का दर्द ठंड से कम हो जाता है दर्द रात को बिस्तर की गर्मी से बढ़ जाता है बच्चा अंगों को बिस्तर से बाहर रखना पसन्द करता है। **लीडम-6** दिन में तीन बार छः घण्टे के अन्तर से दें।

वात रोग में बच्चा लंगड़ाता है परन्तु लगातार हरकत करने से रोगी का कष्ट कम होता है। बैठे रहने पर भी कष्ट रहता है ठंड से, ठंडी हवा से, बरसाती मौसम से, पसीना दबने से रोग बढ़ता है। **रस टोक्स-6** की एक मात्रा चार-चार घण्टे के अन्तर से दें।

गर्दन के वात रोग में, गर्दन मुड़ नहीं सकती। वात रोग के लक्षण दूर हो जाएँ तो मानसिक लक्षण प्रकट हो जाते हैं। **सिमिसिफ्यूगो 6** दिन में तीन बार दें। (यह दवा पेशीवात **(Muscular rheumatism)** में भी उपयोगी है)

वात रोग का दर्द कभी इस अंग में कभी उस अंग में होता रहता है। दर्द ऐसा होता है कि जैसे मोच आ गई हो। जोड़ सूज जाते हैं। लाल हो जाते हैं। अंगों व रीढ़ की हड्डी में भी दर्द होता है। आराम से पड़े रहने पर दर्द बढ़ता है। परन्तु धीरे-धीरे चलने से कुछ आराम मिलता है। बरसात या पैर गीले करने से दर्द बढ़ता है। और गर्म कमरे में भी कष्ट बढ़ता है। **पल्साटिला-6** की चार-चार घण्टे से एक मात्रा दें।

बच्चों के वात रोग में जब पेशियाँ अकड़ जाती हैं, अंग भारी हो जाते हैं। खास कर बायीं कलाई तथा दायाँ घुटना रोगग्रस्त हो जाता है। **नेट्रम फास 6x** तीन-तीन गोलियाँ दिन में तीन बार दें। यह दवा अस्थि परिवेष्टन **(Perostenum)** तथा शारीरिक-तन्तुओं पर किसी प्रकार के वात रोग के लिए भी यह उपकारी है।

वात रोग के साथ मांसपेशियाँ काँपती हों, सारी शिकायतें हृदय में केन्द्रित हों, **नेजा-6** दिन में 6 घण्टे के अन्तर से तीन बार दें।

दर्द हरकत से बढ़े ऊपर से नीचे की तरफ जाए, कन्धों से बाँहों में, बाँहों से उँगलियों में। जाँघों से टाँगों में, स्नायु मार्ग पर दर्द चले, जो तीर की तरह बेंधता हो। छर्रे की तरह काटता दर्द हो, दर्द स्थान बदलता रहता है कभी हृदय की गति धीमी पड़ जाती है जिसे वात रोगी हृदय **(rheumatic heart)** कहते हैं। **कालमिया-6** चार घण्टे के अन्तर से दें।

अगर दर्द एकदम स्थान बदलता है तो ऐसी अवस्था में **स्पाईजिलिया-6** की एक मात्रा चार-चार घण्टे के अन्तर से दें।

त्वचा, नाखून व बालों के रोग
(Skin, nails and hair diseases)

1. बच्चों में अकौता
(Eczema)

सोरा धातुग्रस्त बच्चों में खासकर यह बीमारी हुआ करती है। इसमें फुन्सियाँ एक जगह होती हैं और उनमें खुजली चलती है। फुन्सियाँ छाले का रूप ले लेती हैं। यह छाले सूखे, पानी भरे या पीप भरे होते हैं। पीप निकलकर अगर कपड़े पर लग जाय। और सूख जाय तो कपडा कड़ा हो जाता है।

बच्चों के सूखे छालों में **लाइकोपोडियम-12** फायदा करती है इसकी 2 मात्रा दिन में देनी चाहिए।

अगर पानी भरे छाले हों तो **मर्क्यूरियस 6** दिन में दो बार देनी चाहिए अगर फायदा न हो तो **रस वेन 3** की 2-3 मात्रा देनी चाहिए। कभी-कभी इस दवा के खाने से बच्चों को बुखार आ जाता है और रोग बढ़ जाता है ऐसी अवस्था में दवाई बन्द कर देनी चाहिए। रोग अपने आप ठीक हो जाता है। रोग दोबारा न हो इसके लिए **रस वेन 200** की एक मात्रा खिला देनी चाहिए अगर छालों से चिपचिपा स्राव निकले तो **ग्रेफाइटिस 30** की 2 मात्रा दिन में देनी चाहिए।

2. बच्चों में केश झड़ना
(Falling of hairs)

बच्चों में गंज रोग हो जाए तो। **विन्का माईनर 6** की 2-3 मात्रा देनी चाहिए। बच्चे के केश अगर सूखे व रूखे रहें तो **काली कार्ब-6** की 2-3 मात्रा देनी चाहिए। बच्चे में कमजोरी और दिमागी सुस्ती के कारण केश झड़ें तो **ऐसिड फास 3** की दिन में 2-3 मात्रा सेवन करानी चाहिए।

केश झड़ने की **एसिड फ्लोर-6** (दो-तीन मात्रा दें) एक उत्तम दवा है जब केश झड़ने का कारण उपदंश हो तो और भी फायदा करती है।

3. बच्चे की खाल उधड़ जाना
(Skin scrapping)

चोट या किसी कारण बच्चों की खाल उधड़ जाए तो। **आर्निका-3** दिन में 2-3 बार खाने को दें और खाल उधड़ी जगह पर **आर्निका Q** की 5 बूँद जैतून के तेल में डालकर वहाँ पर लगाना चाहिए।

बच्चे की खाल उधड़े और बच्चे को साथ में अम्ल रोग हो तो **केमोमिला-12**

के दिन में दो बार सेवन कराना चाहिए।

धातुगत रोग से खाल उधड़े तो **सल्फर-30** दिन में सुबह एक बार देनी चाहिए।

4. बच्चों की खोपड़ी पर दाद होना (Scald head / Ringworm on the scalp)

इस बीमारी के विशेष लक्षण हैं कि पहले गोल-गोल लाल रंग के चकत्ते उभरते हैं। जिसके ऊपर बहुत सारे छोटे-छोटे, पीले-पीले रंग के या पानी भरे दाने निकल आते हैं। ये पानी भरे दाने जल्दी फट जाते हैं और उनके ऊपर एक पतली परत बन जाती है। आसपास के गोल चकत्ते आपस में मिल जाते हैं और एक बड़ा टेढ़ा मेढ़ा आकार ले लेते हैं और कभी-कभी सारे सिर में फैल जाते हैं। मि़ल जाने और पपड़ी पड़ जाने के बाद यह चकत्ते मोटे और सख्त हो जाते हैं और जब यह गिरते हैं या हटाए जाते हैं तो उनकी नीचे की सतह लाल और चमकदार होती है और थोड़ी उभरी होती है। अगर यह चकत्ते अधिक समय तक रहते हैं तो वहाँ के बाल गिर जाते हैं यह बीमारी केवल खोपड़ी पर ही नहीं होती शरीर के किसी भी अंग पर हो सकती है और बड़ी कठिनाई से ठीक होती है।

इस रोग की सबसे उत्तम दवा जिसको सबसे पहले देना चाहिए वह **रस टोक्स-6** है इसको दिन में 3 बार कुछ समय तक देना चाहिए।

जब चकत्ते सूखने लगें और गिरने लगें तो **रस टोक्स** के बाद **सल्फर 30** की दो मात्रा सुबह और दोपहर लम्बे समय तक देनी चाहिए। जब चकत्ते गीले रहें और उनसे अत्यधिक बदबू आए और खुजली चले। **रस टोक्स** के बाद **स्टेफिसगेरिया 30** दिन में दो बार फायदा होने तक देनी चाहिए।

अगर चकत्तो में से काटने वाला स्राव निकले और चकत्ते घाव का रूप धारण कर लें तो **आर्सनिक एल्ब 30** दिन में दो बार **आर्सनिक** के बाद **रस टोक्स 6** देने से अधिक लाभ मिलता है।

जब बीमारी माथे, मुँह और गर्दन तक बढ़ जाए या जब आँख और उनके पलक लाल और सूज जाएँ। **हिपर सल्फ-6** दिन में 2-3 बार दें।

जब बीमारी में गर्दन और गले की ग्रंथियाँ लाल, सूज जाएँ और उनमें दर्द हो तो **ब्रायोनिया-6** के द्वारा चिकित्सा करनी चाहिए इस दवा को दिन में 3 बार देना चाहिए।

बीमारी में जब मोटी पपड़ी सिर पर बने और उद्वेग सारे मुँह पर फैल जाए और सारे शरीर में खुजली हो। **एण्टिम क्रूड-6** का प्रयोग दिन में तीन बार करें।

5. बच्चों में घमौरियाँ
(Heat spot / Prickly heat)

गर्मियों के दिनों में, शिशु और बच्चों के शरीर पर छोटे-छोटे दाने निकल आते हैं जिनका आकार आल पिन के माथे के समान होता है, उनका रंग लाल होता है और उनकी जड़ सूजी रहती है दानों में पानी भरा रहता है फट जाने पर भूसी का रूप ले लेते हैं और कभी-कभी घाव में भी बदल जाते हैं। दाने निकलने के साथ कभी-कभी बुखार भी रहता है।

बच्चों को सर्दी लगकर घमौरी हो तो **डल्कामारा-6** की दिन में 2-3 मात्रा दें।

घमौरिया अधिक मात्रा में हों और स्राव भरा हो तो **रस टोक्स-6** दिन में 2-3 खुराक देने से बच्चे को घमौरियाँ नहीं निकलती हैं।

6. बच्चे के शरीर पर घाव
(Wounds on the body)

बच्चे को गन्दा रखने की वजह से या चमड़ी खराब होने पर उसकी बगल और कान के पीछे की ग्रन्थि आदि पर घाव हो जाते हैं।

बच्चे में पीप भरी फुन्सियाँ होने और खुजली रहने पर **सल्फर-30** सुबह और दोपहर को दो मात्रा देनी चाहिए।

बच्चे की त्वचा अस्वस्थ रहने और घाव होने पर **केल्केरिया कार्ब 6** की तीन खुराक दें।

बच्चे के घाव से सदैव खून बहता रहता है। **लाइको-12** दिन में तीन खुराक दी जानी चाहिए।

बच्चे के घाव में से लसदार गोंद की तरह स्राव निकले, खास कर कान के पीछे वाले घाव से, **ग्रेफाइटिस-6** तीन बार छः घण्टे के अन्तर से दी जानी चाहिए।

7. छोटी माता के से दाने
(Chicken pox type rashes)

बच्चों के शरीर के दानों में पानी भर जाता है। देखने में छोटी माता के से दाने निकल आते हैं। जब ऐसे दाने मोटे और उनमें से गाढ़े पीले रंग का स्राव निकलने लगता है तब **काली सल्फ 6x** तीन गोलियाँ दिन में चार बार देने से आराम आ जाता है।

बच्चे के शरीर पर पानी भरे बहुत से दाने अँगुलियाँ, पैर के अँगूठे के बीच में, कोहनी पर, घुटने के पीछे निकल आते हैं जिनके कारण बच्चा बेचैन रहता है। उनमें अत्यधिक खुजली रहती है। जिनको पतले मुलायम कपड़े से रगड़ने से कुछ आराम मिलता है। बच्चा शान्त रहता है ऐसे पानी भरे दानों का कारण गीले कच्छे पहने रहना होता है। **रस टोक्स-30** 3 गोलियाँ हर दो घण्टे के अन्तर से देने से आराम

मिलता है।

8. बच्चे के सिर में जूँ पड़ना (Pediculosis)

यह एक संक्रामक रोग है। मैले कुचैले रहने वाले बच्चों में यह रोग विशेषकर उत्पन्न हो जाता है। छोटे-छोटे जीवाणु बालों की जड़ों पर उत्पन्न हो जाते हैं और त्वचा से रक्त चूसते रहते हैं तथा खुजली पैदा करते हैं।

बच्चे के सिर में जूँ पड़ने पर उसका सिर **सेबेडिला Q** की एक मात्रा 10 गुने पानी में डालकर सिर को धोयें और **नेट्रम म्यूर 12x** चूरण का सेवन दिन में दो बार कराएँ। अगर इससे फायदा न हो तो **स्टेफिसेग्रिया 30** का दिन में दो बार सेवन कराएँ। जूँ सिर से साफ हो जाएगी।

9. बच्चों में त्वचा का उधड़कर जख्म बन जाना (Interigo)

छोटे बच्चों की त्वचा अधिक नर्म होती है इसलिए सामान्य कारणों जैसे जोर से बदन रगड़ना, मैल जमना आदि से त्वचा छिल जाती है और जख्म बन जाते हैं। बच्चे की कमजोर त्वचा, जैसे कान का पिछला भाग, गर्दन के पीछे के जोड़, बगल, पुट्ठे आदि की त्वचा पहले फूल जाती है लाल हो जाती है, उसमें जलन होती है और उससे स्राव आने लगता है। इन लक्षणों पर बच्चे को **केमोमिला 6** की दिन में 2-3 मात्रा देनी चाहिए। अगर जख्म से स्राव के स्थान पर खून निकले तब **मर्क सोल 6** की दिन में 2 मात्रा कुछ समय तक देनी चाहिए।

10. शिशु के दाने (Nappy rashes)

शिशुओं को कसे जांघिए (नेपीस) पहनाने से छोटे-छोटे लाल दाने निकल आते हैं जिसका कारण इन्फेक्शन (**infection**) होता है। ऐसी अवस्था में **बेलाडोना-30** की तीन गोलियाँ दिन में चार बार देने से दाने 2-3 दिन में ठीक हो जाते हैं।

अगर दाने झुंड के रूप में निकलें या पाए जाएँ तब **आर्निका-30** की तीन गोलियाँ दिन में चार बार देनी चाहिए।

नवजात शिशु जिसकी त्वचा देखने में सूखी और गन्दी होती है उसके शरीर पर दाने निकल आते हैं। जिसके कारण वह परेशान और रोता रहता है विशेषकर जब उसे स्नान कराया जाता है। ऐसे शिशु ठंडे कमरे में अपने आप को अच्छा महसूस करते हैं। लेकिन उनकी हथेलियाँ और सिर गरम रहते हैं। **सल्फर आयोड 6** तीन गोलियाँ दिन में चार बार देने से आराम आता है।

11. शिशु को पित्ती उछलना
(Urticaria)

शिशु को खुजलाते-खुजलाते शरीर पर सफेद और लाल चकत्ते पड़ जाते हैं इसी को पित्ती उछलना कहते हैं। चकत्ते अचानक दिखाई देते हैं और कुछ घण्टों में मिट जाते हैं। या कई दिनों तक रहते हैं ठण्ड लगने या मन्दाग्नि आदि कारणों से शिशु को यह कष्ट होता है।

शिशु को ठण्ड लगने के कारण इस रोग की उत्पत्ति होती है और ज्वर आने लगता है। **एकोनाइट 3x** की 2-3 मात्रा खिलाने से रोग से मुक्ति मिल जाती है।

शिशु के सारे शरीर पर पित्ती, खुजली और खुजलाने के बाद जलन। गर्मी से वृद्धि, ठण्ड से आराम परन्तु ठंडी नम हवा से वृद्धि। **डलकामारा-6** की दिन में दो मात्रा दें।

पित्ती का अत्यन्त फूल उठना और उसमें डंक मारने जैसा दर्द, गर्मी से रोग में वृद्धि। ठण्डक से आराम मिलता है। **ऐपिस मेल-6** की 2-3 मात्राएँ दें।

चकत्ते के बीच का भाग सफेद और किनारा लाल, जलन अधिक, चकत्ते एक साथ बैठ जाते हैं। उलटी और दस्त होने पर **अर्टिका यूरेन्स 3x** का व्यवहार करें जिसकी दिन में 2-3 मात्रा दें।

शिशु के भीग जाने पर या नहाने के बाद शरीर पर पित्ती उछल जाए। जिसमें खुजली व जलन रहे। **रस टोक्स 6** या **30** की एक दो मात्रा दें।

शिशु की दूध पिलाने वाली माता का अधिक तेल घी खाने से शिशु में इस रोग का होना। जिसमें गर्मी से वृद्धि, ठण्ड से घटना। **पल्सेटिला-6** या **30** 2-3 मात्रा देने से आराम आ जाएगा।

शिशु का यह रोग पुराना होने पर जिसमें बेचैनी और गर्मी से आराम मिलने पर। **आर्सेनिक 30** एक दो मात्रा दें।

12. बच्चों में फोड़े
(Boils)

बच्चों में माथे, गले, कान के पीछे, बगल में, बाँहों के जोड़ पर, पुट्ठे आदि स्थानों पर फोड़ा हो जाता है।

फोड़ा अगर गोल मटोल मोटे बच्चे के शरीर पर हो जाए तो **केल्केरिया कार्ब 30** की 2-3 मात्रा दें।

गर्मी में अधिकतर बच्चों को फोड़े निकलें तो **कार्बो वेज 30** की दिन में दो मात्रा दें।

फोड़े के चारों ओर छोटी-छोटी फुन्सियाँ हो जाएँ जिसकी वजह से बच्चा परेशान और हमेशा रोता रहे तो **केमोमिला-6** की 2-3 मात्रा दें।

बच्चे के कान के पिछले भाग में फोड़ा लाल जख्म का रूप ले और उससे लसदार पीव निकले तो **ग्रेफाइटिस-6** दिन में दो बार दें।

जख्म बनने पर, उसमें से बदबू और खून आने पर और बच्चे को कब्ज की शिकायत रहने पर **लाइकोपोडियम-30** की एक मात्रा प्रतिदिन दें।

बच्चे के सिर पर एक दो फोड़े होते हैं। फिर उनमें से स्राव निकलने लगता है यह स्राव जहाँ लगता है वहीं पर फोड़ा बना देता है **सल्फर 30** की एक मात्रा सुबह कुछ दिन देने से फायदा होता है।

13. बच्चों में न पकने वाला फोड़ा (Carbuncle)

बच्चे के ओंठ पर पहले एक छोटी फुन्सी होकर वह बड़ी और कड़ी हो जाती है और उसमें अंगारे जैसी जलन होती है। बच्चा बेचैन और उसे नींद नहीं आती अधिकतर यह फोड़ा पकता नहीं और एक हफ्ते बाद सड़ने लगता है। **ऐन्थ्रेक्सिनम-30** दिन में दो बार दें।

14. बिवाई फटना (Cracks in skin)

जाड़ों के दिनों में बच्चों के हाथ पैर, शरीर के कोई-कोई अंग फट जाते हैं। **पेट्रोलियम-200** एक मात्रा दिन में या **नाइट्रिक एसिड 6** दिन में दो तीन बार दें।

15. शिशुओं में मस्सा (Warts)

शरीर के किसी भाग में छोटे-छोटे दाने निकल आते हैं जो कि ऊपर से गोभी के फूल की तरह के होते हैं अधिकतर इनमें कोई दर्द नहीं होता परन्तु जब एक ही स्थान पर बहुत से दाने निकल आते हैं तो सड़न सी पैदा हो जाती है।

इनके निकलने के कई कारण हो सकते हैं परन्तु इनका विशेष कारण बच्चों में सुजाक का विष होना होता है।

पैदा होने वाले बच्चे के मस्सा, तिल आदि निशान न होने पाए इसके लिए उसकी माता को प्रसव काल में पहले **सल्फर 30** की एक मात्रा इसके बाद **थूजा 30** की एक मात्रा और अन्त में **मर्क सोल 30** की एक मात्रा हफ्ते में एक बार दें। हर दवा कम से कम एक महीने तक देनी चाहिए। बच्चे के शरीर में मस्से न निकलें इसके लिए **थूजा Q** की 4 बूँद शूगर आफ मिल्क या शक्कर में देनी चाहिए।

16. शिशु को लाल खसरा या कृत्रिम चकत्ते (Roseola)

प्रसव गृह या उससे बाहर होने के बाद शिशु के शरीर पर एक प्रकार के लाल चकत्ते निकल आते हैं। जिसे आम भाषा में लाल खसरा कहते हैं। इसमें **मिसल्स (Measels)** की तरह सर्दी या शरीर में दर्द नहीं होता।

शिशु को सर्दी लग जाने के कारण यह रोग हो जाए तब **एकोनाइट 3x** की 2-3 मात्रा देनी चाहिए।

शिशु का चेहरा लाल, चकत्ते अधिक लाल, शिशु का मोटा और रक्त प्रधान होने पर **बेलाडोना 3x** की दो तीन मात्रा दें।

शिशु में चकत्ते और पतले पीले दस्त होना। मल का रंग बदलते रहने पर। **पलसेटिला-6** की 2-3 मात्रा दें।

17. बच्चों में विसर्प (Erysipelus)

सर्दी लगने से बच्चे के शरीर की त्वचा पर पहले कोई अंश थोड़ा लाल होता है। बाद में सारा शरीर लाल हो जाता है। बुखार हो जाता है। प्रदाह वाला स्थान सूख जाता है और जख्म बनकर रिसने लगता है। यह एक कठोर बीमारी है। इस बीमारी में **ऐपिस 3** या **रस टोक्स 6** का दिन में 2-3 बार प्रयोग करना चाहिए।

18. शिशु के सिर पर अर्बुद (Tumour on head)

पैदा होने के बाद किसी-किसी शिशु के सिर में अर्बुद निकल आता है। **आर्निका 3** की 2-3 मात्रा और अर्बुद पर गर्म शुद्ध सरसों का तेल लगाने से अर्बुद बैठ जाता है। अगर इससे फायदा न हो तो **केल्केरिया कार्ब 6** कुछ दिनों तक खिलाना चाहिए।

19. शिशु व बच्चों के सिर पर दाने (Rashes/Scurf on the head)

बच्चों की खोपड़ी पर सबसे पहले कुछ गीले दाने जिन पर परत जमी होती है निकल आते हैं। जिनके आसपास छोटे-छोटे स्राव युक्त दाने निकल आते हैं। जिनमें अधिक खुजली और जलन होती है जिसके कारण बच्चा बहुत परेशान और बेचैन रहता है। अगर ऐसे दानों का उपचार नहीं किया जाता है तो वह मात्रा में बढ़ते रहते हैं। दानों में गाढ़ा स्राव निकलने से सिर के बाल आपस में चिपक जाते हैं। कुछ समय बाद खोपड़ी पर एक परत बन जाती है। जिसके नीचे गाढ़ा पस रहता है। बच्चों को बुखार

आ जाता है। **मेजेरियम-30** तीन गोलियाँ हर दो घण्टे से देनी चाहिए।

20. शिशु के सिर पर दूध की परत
(Milk crust)

शिशु के शरीर पर छोटे-छोटे सफेद दाने झुंड के झुंड निकल आते हैं जिनकी सतह लाल होती है यह एक जगह एकत्रित होकर उभर आते हैं। पहले ऐसे दाने मुख पर फिर गाल पर और माथे पर उभर आते हैं और यहाँ से सारे शरीर पर फैल जाते हैं। दाने उभर कर लाल हो जाते हैं और उनके आसपास की जगह सूज जाती है और उनमें अत्यन्त अधिक खुजली होने लगती है। थोड़े ही समय में यह पीले और गहरे रंग के हो जाते हैं और फिर फूटकर एक पतली पीली पपड़ी बना देते हैं जिसके कारण बच्चा परेशान और बेचैन रहता है और उस स्थान पर बराबर खुजली रहती है। जिसके कारण दानों पर खुजली होकर बराबर परत गिरती जाती है और बीमारी जोर पकड़ लेती है।

प्रथम अवस्था में जब दानों के आसपास की त्वचा में सूजन और लाली आ जाए जिसके कारण बच्चा परेशान और बेचैन रहे। **एकोनाइट 3** दिन में तीन मात्रा दी जानी चाहिए।

अगर दानों के निकलने के कुछ समय बाद **एकोनाइट** से फायदा मालूम न हो तो **रस टोक्स-6** दिन में तीन बार दी जानी चाहिए।

यह बीमारी अधिकतर **बोयला ट्राईकलर 3** की 2-3 मात्रा कुछ समय देने से बहुतायत ठीक हो जाती है।

21. शिशुओं के सिर पर रक्तार्बुद
(Blood collection on head)

रक्तार्बुद कड़ा और उसमें चोट लगने के कारण रक्त स्राव होने पर **केल्केरिया फ्लोर 12 x** दिन में तीन बार दें।

शिशु का शरीर दुर्बल, कंकाल की तरह दुबला हो जाता है। उसका पेट और सिर बड़ा होता है। **केल्केरिया फाँस 6x** (बायोमेमिक दवा दी जानी चाहिए) दिन में तीन बार चार घंटे के अन्तर से दी जानी चाहिए। (सूके रोग से पीड़ित बच्चो के लिए विशेष उपयोगी है)

शिशु का मस्तिष्क बड़ा होने पर। **केल्के. कार्ब 30** चार-चार गोली दिन में दो-बार दी जानी चाहिए।

22. सिर में रूसी
(Dandruff)

बच्चे का सिर साफ न रखना या धातुगत कारणों से सिर में रूसी हो जाती हैं। **सल्फर 30** हफ्ते में एक मात्रा सुबह और दोपहर दो बार दें और रात में जैतुन का तेल लगाना चाहिए सवेरे सिर धो डालना चाहिए।

23. बच्चों में सूखी खुजली
(Itching/Prurigo)

बच्चे को गन्दा रखने पर या त्वचा खराब होने पर बच्चे को खुजली हो जाती है।

बिस्तर पर लेटते ही बच्चे को खुजली होने लगे तो **इग्नेशिया-6** की 2-3 मात्रा दें।

बच्चे के कपड़े उतारते ही उसके शरीर में खुजली होने लगे तब **आर्स एल्ब 6** या **नक्स वोम-6** की 2-3 मात्रा देनी चाहिए।

बच्चे के सोने के बाद शरीर गर्म होते ही खुजली होने पर। **पल्स 6** या **मर्क 6** की 2-3 मात्रा दें।

खुजलाते-खुजलाते अगर खून निकल आए तो फिर। **मर्क 6** या **सल्फर-3** की तीन खुराक दें।

सल्फर 30 हर प्रकार की खुजली की उत्तम दवा है।

24. त्वचा के सामान्य रोग
(General diseases of skin)

चर्म रोग किसी भीतरी यन्त्र की बीमारी के कारण होता है। इसलिए इन्हें ठीक करने के लिए भीतरी दवा खाना ही उत्तम उपाय है। बाहरी प्रयोग जैसे मलहम आदि का प्रयोग करके ठीक करने की कोशिश नहीं करनी चाहिए। त्वचा की एक दो बीमारियाँ ऐसी हैं जो शरीर पर मैल जमने के कारण भी होती हैं। उन्हें साबुन लगाकर हटा देना अच्छा है परन्तु सदैव बाहरी प्रयोग अच्छा नहीं है क्योंकि बाहरी प्रयोग से चर्म रोग शरीर के भीतर प्रवेश करके दूसरी बीमारियाँ पैदा कर देता है।

आजकल बच्चों को डायपर पहनाने का प्रचलन है जिसके कारण बच्चों को नेपी रेशेज हो जाती है जिसमें त्वचा छिल जाती है, इसके लिए **कैलेन्डुला** मलहम का इस्तेमाल करना ठीक रहता है।

कानों में बालियाँ पहनने से जब कान पक जाए तो **मेडोराइनम 200** की एक मात्रा दें।

बच्चों को अगर कीड़े-पतंगे काट लें तो उस जगह पर **नेट्रम म्यूर 6x** (बायोकेमिक) का गाढ़ा पेस्ट बनाकर लगा दें।

बच्चों को बार-बार फोड़े फुंसियाँ होती हों तो **मैगनिशिया कार्ब 200** की एक मात्रा दें।

बच्चे के बाल झड़ने पर **नैट्रम म्यूर 200** की 1-2 मात्रा दें।

बच्चों के खसरे में **फेरम फॉस 6x** और **काली म्यूर 6x** दोनों की 2-2 गोली मिलाकर गर्म पानी में प्रति दिन दो मात्रा दें। इसके देने से बच्चों में खसरे से बचाव भी होता है।

नवजात शिशु का चेहरा लाल हो तो **एकोनाइट 6** की 2-3 मात्रा दें।

नवजात शिशु की त्वचा नीली या गन्दी पीले रंग की हो तो **ओपियम 6** की 2-3 मात्रा दें।

त्वचा से पतली भूसी उतरे तो **कैमोमिला 6** की 2-3 मात्रा दें या **सल्फर 6** की 2-3 मात्रा दें और बदन को **आर्निका क्यू** या **हाइड्रास्टिस क्यू** के पानी से धोएँ (एक चम्मच मदर टिंचर एक बाल्टी पानी में)

नवजात शिशु का रंग नीला हो तो **सल्फर 6**, या **डिजीटेलिस 6** की 2-3 मात्रा दें।

शिशु को गर्मी की घमौरियों में **रस टॉक्स 6** की दो तीन मात्रा दें, अगर फायदा न हो तो **सल्फर 6** की दो मात्रा दें।

नवजात शिशु के शरीर पर विभिन्न प्रकार के दाग हों तो। **सल्फर 30** की दो मात्रा दें और उसके बाद **केल्केरिया कार्ब 30** की रात के समय एक मात्रा दें।

शिशु के सिर की रूसी में **सल्फर 30** हफ्ते में दो बार दें। शिशु के सिर के केश झड़ने पर **एसिड फ्लोर 12** की दो मात्रा दें। यह बढ़िया दवा है और गंज रोग की **आर्सनिक** भी दवा है। सिर खुजलाने पर **विन्का माइनर 6** की 2-3 मात्रा दें।

रोगी बालक की चमड़ी सिकुड़ी रहती है, बूढ़ों जैसी दिखती है। **अर्जे. नाइट्रिकम 30** की दो मात्रा दें।

बच्चों को हल्का बुखार, बेचैनी और अनिद्रा रहती है। बच्चे के गर्म कमरे में रहने के कारण दाने निकल आते हैं। जिसके कारण बच्चा बहुत डरता है और चाहता है कि उसे लेकर इधर-उधर घूमा जाए। **कैमोमिला 12** की 2-3 मात्रा दें।

ठण्ड के कारण बच्चे को दाने निकल आते हैं। **डल्कामारा 6** की 2-3 मात्रा दें। दानों के अन्दर पानी भरना, खुजली या रगड़ने के कारण दाने और बढ़ जाते हैं। **रस टॉक्स 30** की दो मात्रा दें।

बच्चों में दाने दब जाने पर उन्हें निकालने के लिए **सल्फर 30** की दो मात्रा दें।

नवजात बच्चों में सिर पर पपड़ी की उत्तम दवा **सल्फर 30** है इसकी एक मात्रा सुबह और दूसरी चार घण्टे बाद दी जानी चाहिए।

बुखार
(Fever)

1. आन्त्रिक ज्वर या टाइफायड ज्वर (Typhoid fever or Entric fever)

इस रोग का कारण एक प्रकार का जीवाणु है जिसे **Bacillus Typhosus** कहते हैं। यह खाद्य पदार्थ के साथ विशेषकर दूध या पानी के साथ शरीर में चला जाता है और रोग उत्पन्न कर देता है। सड़ने वाले जन्तु या दूषित पदार्थों की दूषित भाप, नाली या संडास आदि की दूषित भाप भी इस रोग को जन्म देती है। टाइफायड के जीवाणु शरीर में घुसने के कई दिन बाद ज्वर आ जाता है और धीरे-धीरे बढ़ने लगता है। सवेरे कम और तीसरे पहर 2 डिग्री बढ़ जाता है और धीरे-धीरे 105^0 या 106^0 तक चला जाता है। ऐसा कई सप्ताह तक रहता है। एक प्रकार के लाल रंग के उद्‌भेद प्रथम सप्ताह के अन्त से 28 दिन के अन्दर निकल आते है। ज्वर के साथ दस्त हो जाते हैं। मल दाल के पानी जैसा थोड़े भूरे रंग का होता है। जीभ पर कुछ समय बाद लेप चढ़ जाता है और रोग बढ़ने के बाद जीभ सूख जाती है और खुरदरी हो जाती है। होंठ सूखे व फट जाते हैं। दाँतों पर मैल जम जाता है।

आँतों से रक्त बहना बड़े-बड़े रक्त के थक्के निकलते हैं। इन लक्षणों पर। **एल्युमेन 6x** की 2-3 मात्रा दें।

रोग में अत्यधिक कब्ज रहने पर शिशु के लिए। **एल्युमिना 6x** एक उत्तम दवा हैं और इसकी 2-3 मात्रा दें।

रोग में अनिद्रा रहने पर **एबिसिन्थियम 6x** की 2-3 मात्रा दें।

बच्चे का चेहरा तमतमाया रहता है। त्वचा सूखी और गर्म, प्यास की कमी, बेचैनी, बुदबुदता रहता है, पेट फूला हुआ छूने से दर्द। जीभ में कम्पन जो दाँत से लग जाए। **एपिस मेलिफिका 30** इसकी दिन में दो मात्रा दें।

बच्चे के सारे शरीर में पीड़ा, जीभ सूखी और भूरे रंग की मल मूत्र और श्वास में भंयकर बदबू, पानी की तरह भूरी दस्त जिसमें अधिक बदबू आए। रोगी पूछने पर उत्तर देते-देते सो जाता है। इन लक्षणों पर **वेप्टीशिया 3x** की 2-3 मात्रा दें। यह टाइफाइड ज्वर की एक उत्कृष्ट दवा है।

शिशु चुपचाप पड़ा रहता है। हिलना डुलना भी पसन्द नहीं करता है। सिर भारी, प्यास अधिक, जीभ पर सफेद मैल, होंठ सूखे व कटे-फटे, कब्ज रहे और मल त्यागने की इच्छा बिलकुल न रहे। **ब्रायोनिया-12** की 2-3 मात्रा दें।

बच्चे में स्नायुविक लक्षण प्रबल, तन्द्रालुता, सदा नींद आती रहती है। बेचैनी,

और शरीर में दर्द, शिशु आँखें मूँदे पड़ा रहता है। आँख खोलने में कठिनाई। प्यास न लगे। **जेलसिमियम 6x** की 2-3 मात्रा दें।

बच्चे को सिर की पीड़ा, शरीर में वेदना और नींद गहरी आए इन लक्षणों पर। **डेसमोडियम गैंजेटिकम 6x** का प्रयोग दिन में 2-3 बार करें।

शिशु बुदबुदाता रहता है और अनाप शनाप बोलता रहता हैं। अनजान में मलमूत्र त्याग देता है। **हायोसायमस 6x** की 2-3 मात्रा दें।

आँत से काले रंग का रक्त निकले जो अत्यन्त दुर्गन्धमय होता है। पेट में तनाव महसूस करता है। **हेमामेलिस 3x** की 3 मात्रा दें।

अत्यन्त अवसन्नता जिसके कारण शिशु बिछौने से गिर पड़ता है। पूरा अचेत रहता है। बुदबुदा कर अनाप शनाप बोलता है। जीभ सूखी रहती है, अनजान में मल मूत्र त्याग देता है। **म्यूरियेटिक एसिड 6x** की 2-3 मात्रा दें।

बच्चे के चेहरे पर गहरे लाल रंग की सूजन, नींद आती रहती है या अचेत पड़ा रहता है पुकारने पर भी शिशु उत्तर नहीं देता है। **ओपियम-6** की 2 मात्रा दें।

नाक से रक्त बहे। दस्त और बेचैनी रहे, जीभ सूखी फटी और भूरे रंग की जिसका अगला भाग तिकोने आकार में लाल। आधी रात में रोग में वृद्धि। **रस टोक्स-6** की तीन मात्रा दें।

बच्चे को भय ऐसा लगे कि कोई जन्तु उसकी ओर आ रहा है और शिशु डर के मारे माँ को पुकारे, अक़ेले या अन्धेरे में नहीं रह सकता है **स्ट्रोमोनियम 6x** की 2 मात्रा दें।

बच्चे में घोर अचेतना या आंथिकधान लोप होना, पेट फूलना, भंयकर दुर्गन्ध सहित मल अनजान में निकलता है। जीभ पर सफेद मैल। **टाइफोडिनम-200** की एक मात्रा दें।

2. स्वल्प विराम ज्वर
(Remittant fever)

ऐसा ज्वर जो कभी नहीं उतरता किन्तु थोड़ा कम होकर फिर चढ़ जाता है। उसे स्वल्प विराम ज्वर कहते हैं। प्रारम्भ में यह ज्वर 105^0 या 106^0 पहुँच जाता है। स्वल्प विराम के समय यह 100^0 तक उतर आता है। कभी-कभी यह ज्वर टाइफाइड या सन्निपात ज्वर में बदल जाता है। मगर मस्तिष्क फ़ेफड़े आदि पर आक्रमण होने पर यह मारक सिद्ध हो सकता है। परन्तु साधारणतया यह 12-21 दिन में उतर जाता है।

सूखी ठण्डी हवा लगने से ज्वर होना, बेचैनी, प्यास, जलन आदि प्रारम्भिक अवस्था में **एकोनाइट-3x** की 2-3 मात्रा दें।

शिशु को स्वल्प विराम बुखार और साथ में सूजन, दस्त आदि लक्षणों में

ईगलफोलिया 6x की 2-3 मात्रा दें।

शिशु ज्वर के वेग से चौंक उठे। ज्वर का प्रकोप अधिक। शरीर गर्म, ज्वर के समय पसीना। जितना अधिक पसीना उतना ही अधिक ज्वर। चेहरा लाल पर हाथ पैर ठण्डे। **बेलाडोना-6x** की 2-3 मात्रा दें।

ज्वर सहित सूखी खाँसी, खाँसने पर छाती में दर्द, मुँह का स्वाद तीता, जीभ पर सफेद लेप, शिशु चुपचाप पड़ा रहता है हिलना डुलना पसन्द नहीं करता। अधिक प्यास और कब्ज आदि लक्षणों के रहने पर **ब्रायोनिया-6** की 2 मात्रा दें।

शिशु ज्वर के समय चिड़चिड़े स्वभाव का हो जाता है। किसी प्रकार शान्त नहीं होता। गोद में लेकर घूमने से कुछ शान्त हो जाता है। उसे हरे रंग के दुर्गन्धित दस्त होते हैं। **केमोमिला-12** की 2 मात्रा दें।

स्वल्प विराम ज्वर के साथ सदा वमन की इच्छा और वमन। पित्त वमन, पित्त दस्त और मल का रंग गहरा हरा। **इपिकॉक-6x** की 2-3 मात्रा दें।

ज्वर के साथ दस्त, सर्दी, खाँसी, जीभ और ओठ खूब लाल रंग के। शिशु चिड़चिड़ा और बदमिजाज, लगातार रोए। बिस्तर पर नहीं रहना चाहता। गोद में रहना पसन्द करता है। **ओसिमम सेंटम 6x** की 2-3 मात्रा दें।

धूप लगने या भीगने से ज्वर आना शुरू हो जाए। बच्चे के सारे शरीर में दर्द, बेचैनी, सोकर उठकर भी चुपचाप नहीं रह सकता। जीभ के अगले भाग में लाल रंग का त्रिकोण। **रस टोक्स 6x** की 2-3 मात्रा दें।

स्वल्प विराम ज्वर के उपचार में बीच-बीच में **सल्फर 30** की एक मात्रा पाँच दिन के अन्तर से सुबह देने से ज्वर जल्दी ठीक होता है और अन्य दवाइयो की क्रिया भी इसके देने से बढ़ जाती है।

3. सविराम ज्वर या मलेरिया ज्वर (Intermittent fever)

यह रोग मलेरिया के जीवाणु से होता है। इस ज्वर की विशेषता है कि यह उतर जाने पर फिर आ जाता है। जैसे ज्वर प्रतिदिन आता है परन्तु कुछ समय के लिए यह नहीं रहता है। ज्वर एक दिन छोड़कर फिर आ जाता है या दो दिन के अन्तर से हर चौथे दिन आता है।

शिशु को खूब सर्दी लगती है और उसके बाद पसीना आता है इसके बाद गर्मी लगती है इस प्रकार से शीत और पसीना या पसीना और गर्मी बारी-बारी से आते हैं। ज्वर में प्यास नहीं रहती है पेट की गड़बड़ी रहती है। जीभ पर मोटी सफेद लेप। **एन्टिम क्रूड 6x** की 3 मात्रा दें।

ज्वर के समय शिशु आँखें खोल नही सकता हैं। ऊँघता रहता है या कभी-कभी गहरी नींद आ जाती है। शीत अवस्था बहुत समय रहती है पर गर्मी थोड़े समय रहती

है और अगर गर्मी अधिक समय रहे तो शीत अवस्था थोड़ी देर रहती है। **एन्टिम टार्ट 6x** की 2-3 मात्रा दें।

ज्वर दोपहर 1 बजे से 2 बजे तक या आधी रात में आता है। सर्दी कम लगती है। गर्मी अधिक के साथ अधिक प्यास लगती है। शिशु अधिक बेचैनी महसूस करता है। **आर्सेनिक एल्बम 6** की 2-3 मात्रा दें।

शिशु को बुखार आने से पहले खूब प्यास, ठंड के समय प्यास नहीं रहती। दुर्बलता पैदा करने वाला पसीना। **चायना-30** की 3 मात्रा दें।

मलेरिया ज्वर के लक्षण स्पष्ट न हों किन्तु आवेश नियमित आता है परन्तु पूरी तरह से नहीं आता है। आरम्भ से अन्त तक प्यास रहे। **चिनिनम सल्फ 30** की एक मात्रा दें।

ज्वर की शीत अवस्था में प्यास नहीं, परन्तु गर्मी की अवस्था में तेज प्यास, ढके अंग पर बहुत पसीना आता है। माथे और चेहरे पर गर्म पसीना, शिशु अत्यन्त चिड़-चिड़ा और बदमिजाज स्वभाव का। **कैमोमिला 30** की 2 मात्रा दें। (शिशु के दाँत निकलते समय मलेरिया बुखार में अति उपयोगी है)

मलेरिया ज्वर में अधिक सर्दी लगती है। सर्दी के साथ बारी-बारी से पसीना आता है। शरीर ठण्डा, सिर और माथा गर्म। दोनों गाल आग के समान गर्म। **कैलोट्रापिस जी 3x** की 2-3 मात्रा दें।

शिशु को मलेरिया बुखार प्रायः प्रातःकाल 7 बजे आता है। सवेरे शरीर में दर्द, आँख, मुँह, हाथ पैरों में से जैसे आग की-सी लपट निकल रही हो। **डेसमोडियम 6x** की 2 मात्रा दें।

मलेरिया ज्वर में पहले जम्हाई आती है और शरीर टूटने लगता है। शीत अवस्था में प्यास नहीं। उत्ताप अवस्था में प्यास। ज्वर की समस्त अवस्था में वमन की इच्छा और वमन होना। **इपीकाक 30** की 2-3 मात्रा दें।

4. बच्चों में साधारण ज्वर (Fever)

यह ज्वर 24 घण्टे से लेकर 72 घण्टे तक और कभी-कभी इससे भी अधिक समय तक रहता है और बिना किसी विशेष लक्षणों के उतर भी जाता है।

मौसम में अचानक बदलाव, भींगने, नमदार स्थानों पर रहने, चोट लगने, दूषित स्थान में रहने, भय आदि कारणों से होता है।

यह बुखार कभी ठंड लगकर और कभी बिना कँपकँपी के आ जाता है। त्वचा गर्म और शुष्क हो जाती है। मुँह, होंठ, जुबान आदि शुष्क हो जाते हैं। कभी-कभी सिर दर्द होने लगता है। प्यास लगती है और पेशाब पीली आती है थोड़ी कमजोरी भी हो जाती है।

आमाशय की गड़बड़ी के कारण अगर बुखार रहता है। **पल्सेटिला 30** दिन में दो मात्रा दें।

बुखार में अगर जीभ पर सफेद लेप चढ़ा हो। **ऐण्टिम क्रूड 30** दिन में दो खुराक दें।

कृमि के कारण ज्वर रहता है और बच्चे को कब्ज रहता है नाभि के चारों ओर दर्द। बच्चा बार-बार नाक में अँगुली देता रहता है। इन लक्षणों पर **सीना 3x** की दिन में 2-3 मात्रा देनी चाहिए **सीना** से बुखार में आराम न आए तो **स्पाइजिलिया 6** की 2-3 मात्रा दें।

कभी-कभी बच्चों को बुखार छोड़ना ही नहीं चाहता। **फेरम फॉस 12x** की 1 गोली की दो-तीन मात्रा दें या **जेलिसमियम 3x** की 2-3 मात्रा दें।

विविध रोग
(Miscellaneous diseases)

1. बच्चों की अस्थि में विकृतियाँ (Rickets)

रिकेट्स बालकों का धातुगत रोग है। इसमें बालको की हड्डी में अनेक परिवर्तन हो जाते हैं जैसे लचीलापन, खुरदरापन आदि जिसका कारण हड्डियों में लाइम या चूना आदि पदार्थ की कमी और उनके कोषों का अधिक बढ़ना। ऐसे बच्चे जिनके दाँत 10 मास तक न निकलें और वे 2 वर्ष तक चलना न सीखे तो रिकेट्स रोग होने की अधिक सम्भावना रहती है। इस रोग का सबसे प्रधान लक्षण है पसीना जो रात को सोने के बाद सिर में अधिक मात्रा में आता है। जिसके कारण तकिया भीग जाता है पैर की हड्डियाँ टेढ़ी हो जाती हैं। जोड़ों का अन्तिम भाग बढ़ जाता है। विशेषकर ब्रह्म तालु शीघ्र जुड़ता नहीं है। सिर चपटा और चतुष्कोण होता है। खेलकूद नहीं सकत.. बालक को भूख अधिक लगती है परन्तु भोजन पचा नहीं सकता और वैसा ही निकल जाता है। अधिक वायु रहने से पेट फूला रहता है। बालक दिन में तन्द्राग्रस्त और रात में अस्थिर रहता है। कठिन रोग में मेरुदण्ड और चूतड़ की हड्डियों में परिवर्तन हो जाता है। दाँत जल्दी गिर जाते हैं। छाती पतली और ऊँची हो जाती है।

बालक प्रायः मोटा, ताजा जिसमें चर्बी बढ़ने की अधिक सम्भावना होती है। बालक जड़वत, शीघ्र हिलडुल नहीं सकता, थुलथुला और सुस्त। मेरुदण्ड और लम्बी

हड्डियों में टेढ़ापन आ जाता है। ग्रंथियों में सूजन, पेट बढ़ा हुआ, सोते समय सिर में अधिक पसीना जिसके कारण तकिया भीग जाता है। ऐसे बच्चों को **केल्केरिया कार्ब 30** की दिन में 2 मात्रा कुछ समय तक देनी चाहिए।

बालक दुबला पतला पेट धँसा हुआ और थुलथुला। सिर बड़ा उसकी हड्डियाँ पतली और टूट जाने वाली। गर्दन पतली जिसके कारण सिर अच्छी तरह सम्भाल नहीं सकता। जल्दी चलना नहीं सीखता। दूध नहीं पचा सकता। शीघ्र उलटी हो जांती है और पनीले दस्त हो जाते हैं। बालक पीला और ठण्डा रहता है। **केल्केरिया फास 30** की दिन में तीन मात्रा दें।

बालकों में स्क्रोफूला होने के कारण यह रोग हो जाता है। जिसके कारण हिप या कर्टिलेज हड्डियों में घाव हो जाता है और मेरुदण्ड टेढ़ा हो जाता है। बालक को दस्त रहते हैं और पेशाब दूध जैसा सफेद या धुला हुआ आता है, इन लक्षणों में। **फॉसफोरिक एसिड 30** का व्यवहार विशेष उपयोगी है। जिसकी दिन में 2 मात्रा देनी चाहिए।

इस बीमारी से पीड़ित बालक का रंग मटमैला, सिर बड़ा, सिर में बहुत पसीना परन्तु सिर को ढकना पसन्द करता है। पतले सिर की सीवन खुली हुई। मांसपेशियाँ और हड्डियाँ ठीक से विकसित नहीं होतीं, चलना देर से सीखता है। दूध सहन नहीं होता जिसके कारण दस्त हो जाते हैं। सिर और माथे पर बदबूदार पसीना आता है। **साइलीशिया-200** की एक खुराक दें।

बालक का शरीर की तुलना में सिर बड़ा। सोते समय सिर में बहुत पसीना आता है। परिपोषक क्रिया के अभाव से **(Defective assimalation)** बालक दुबला होता जाता है। शरीर का मांस और त्वचा वृद्धों की तरह सूख कर सिकुड़ जाती है और कभी त्वचा में तह पड़ जाती हैं और वह झूल जाती है। **सल्फर 200** की एक मात्रा सुबह देनी चाहिए। इसका प्रयोग और दवाइयों के साथ बीच-बीच में करना चाहिए इसका व्यवहार फलदायक होता है।

2. बच्चों में अस्थियों और ग्रन्थियों का क्षय रोग
(Tuberculosis disease of bones and glands)

इस बीमारी का कारण पूर्ण मात्रा में स्वास्थकर भोजन न खाना, प्रकाश और वायु का अभाव। वंशागत दोष और कमजोरी पैदा करने वाला रोग। हूपिंग खाँसी से पीड़ित रहने पर भी यह रोग हो सकता है।

स्थानीय लक्षणों में अस्थियों में सूजन और पीड़ा जिनसे मवाद निकलता है और ग्रन्थियों में विशेषकर गले की ग्रन्थियों में पहले पीड़ा फिर सूजन होती है। ग्रन्थियाँ दिखाई नहीं देती हैं परन्तु उनको अनुभव से जाना जा सकता है। गले तथा नीचे के जबड़े की ग्रन्थियाँ कड़ी हो जाती हैं परन्तु ऊपर का चमड़ा लाल नहीं होता।

लेकिन बड़ी होने के साथ ये नरम हो जाती हैं और ऊपर का चमड़ा लाल हो जाता है। इलाज न करने पर उनमें घाव बन जाते हैं। होम्योपेथिक द्वारा बालकों की हड्डी और ग्रन्थियों के क्षय रोग का आसानी से ठीक इलाज कर देना एक बड़ी उपलब्धि है।

गले की ग्रन्थियों में पीप पड़ जाए और पीप निकले तब **ड्रोसेरा-30** की एक मात्रा 15 दिन बाद देनी चाहिए। यह इस रोग की एक अति उत्तम दवा है। इससे ग्रन्थियों के छेद बड़े नहीं होते और जल्दी ही उनका पीव सूख जाता है।

सख्त ग्रन्थियाँ खासकर गर्दन पर जो ठंडे नम मौसम में अधिक परेशान करती हैं और शुष्क ठंडे मौसम में कुछ ठीक रहती हैं परन्तु अधिक ठंडे मौसम में ग्रन्थियाँ सूज जाती हैं और उनमें पीप पड़ जाती है। बालक के सोने पर सिर पर अधिक पसीना आता है और पैर के तलवे के पसीने में बदबू आती है। बालक सुस्त रहता है। **साइलीशिया-200** एक मात्रा हफ्ते में दो बार दें।

ग्रन्थियों की सूजन के अलावा बालक में अधिक अवसन्नता रहती है। तेज नाड़ी, दुबलापन, ज्वर, रात में पसीने के लक्षणों पर **आर्सेनिक आयोड 6x** की 2-3 मात्रा दिन में दें।

हड्डियों के अनेक प्रकार के उपसर्गों में विशेषकर जब अधिक मात्रा में पारे का प्रयोग किया गया हो **ऑरम मेटालिंकम-30** दिन में दो बार दें।

जिस बालक के वंश में क्षय रोग का इतिहास रहा हो और शरीर में गाँठें हो जाएँ। बालक की बगल में बदबूदार पसीना आए। सुस्त रहे, शोर और गन्ध नहीं पसन्द करता अकेला और चुपचाप रहना पसन्द करता है। वह अपने ऊपर, इधर-उधर की परेशानियाँ नहीं चाहता है। सब लक्षण **सिपिया** दवा के हैं। इस रोग का इलाज करते समय इस बात का ध्यान रखना चाहिए की इस बीमारी में चरित्रगत लक्षणों पर अधिक ध्यान देना चाहिए। इसलिए **सिपिया 200** की एक मात्रा दें और लक्षण रहने पर फिर दें। जब तक बीमारी के लक्षण समाप्त न हो जाएँ।

बालक त्वचा की बीमारियों से पीड़ित रहता है। देखने में गन्दा, कान के पीछे उद्भेद और कान से दुर्गन्ध वाला स्राव आना। टॉन्सिल, नाक, ऊपरी ओंठ, बगल, घुटने, कन्धे की संधि में सूजन, भूख अधिक, शरीर सूखा बूढों की तरह। **सल्फर 30** दिन में दो मात्रा दें।

बालक की ग्रन्थियाँ सूज जाती हैं और उनमे गड्ढे पड़ जाते हैं ग्रन्थियाँ सख्त दर्द रहित। बालक सुस्त परन्तु बेचैन रहता है। शरीर गर्म, बाल और शरीर का रंग काला। अधिक और सदैव खाने पर भी सूखता जाता है। शरीर की सभी ग्रन्थियाँ बढ़ सकती हैं परन्तु छाती की ग्रन्थियाँ नहीं बढ़ती हैं। **आयोडिन 30** दिन में दो बार।

इस रोग में बालक देखने में लम्बा और पतला। जल्दी-जल्दी बढ़ता है, खून की

कमी रहती है। जरा सी चोट लगने पर खून अधिक निकलता है। ठंडा पानी और बर्फ खाना पसन्द करता है। अँधेरे से डरता है और उससे दूर रहना चाहता है। छोटी सूखी खाँसी। दस्त, फेफड़े कमजोर और रोगग्रस्त। **फोस्फोरस-6x** की 2-3 मात्रा दिन में दें।

इस रोग में बालक को ठंड बिलकुल सहन नहीं होती। आँख में घाव और फोड़ों की प्रधानता रहती है। **हिपर सल्फ 6x** दिन में 2-3 मात्रा दें।

बालक की ग्रन्थियाँ बढ़ी हुई। पेट बहुत कड़ा, सिर मुख और कान में अनेक प्रकार के उद्भेद। **मर्क्यूरियस बिन आयोडड 6x** दिन में दो मात्रा दें।

बालक की ग्रन्थियों में दर्द और सूजन, लालिमा। बिस्तर पर लेटने पर कष्ट बढ़े। बहुत अधिक लार। मुँह का स्वाद खराब। मल दुर्गन्धयुक्त आँव से लिपटा। **मर्क सोल-6** दिन में दो बार दें।

बालक की ग्रन्थियाँ सूज जाती हैं उसमें छेद हो जाते हैं और उनमें से पीप आने लगता है। बालक देखने में छोटा और देर से बढ़ता है। दिमाग का कमजोर। नये लोगों से मिलना पसन्द नहीं करना। ठंड जल्दी लग जाती है। ठंडा बदबूदार पैर में पसीना आता है। लम्बी हड्डियों में खिंचाव और छेद पड़ जाते हैं। **बैराइटा कार्ब-30** दिन में दो बार दें।

3. शिशु और बच्चों का कर्णमूल प्रदाह या कनपटी फूलना (Mumps)

आर्द्रता, ठण्ड लगना, टाइफॉयड, दूषित बुखार के फलस्वरूप यह रोग पैदा होता है। एक प्रकार का जीवाणु इस रोग का प्रधान कारण है। यह संक्रामक रोग है। कान के नीचे कर्णमूल नामक ग्रन्थि फूल जाती है, लाल होकर कड़ी हो जाती है और ज्वर आने लगता है। चबाने और निगलने में कष्ट होता है। जी मिचलाना और उलटी भी हो जाती है।

शीतकाल की सूखी ठंडी हवा लगने से अगर कर्णमूल फूले और लाल हो जाए। जिससें बुखार आए। **एकोनाइट 3x** की दो तीन मात्रा दें।

कर्णमूल फूलकर खूब लाल हो जाए और उसमें प्रवाह हो, दाहिनी ओर का चेहरा लाल, तेज बुखार, शिशु प्रलाप करे। **बेलाडोना 6x** की दो तीन मात्रा दें।

कर्णमूल फूलकर पत्थर की तरह कड़ा होने पर **कार्बो एनिमेलिस 6x** की दो तीन मात्रा दें।

कर्णमूल सूजकर पक जाते हैं और मवाद पड़ जाता है। **हिपर सल्फ 6x** की दो तीन मात्रा दें।

कर्णमूल में **बेलाडोना** के बाद **मर्क्युरियस 6x** विचूर्ण देना लाभदायक है लार बहना इसका विशेष लक्षण है।

कर्णमूल में बालकों के अण्डकोष और बालिकाओं के स्तनों में सूजन आने के लक्षणों में **पल्सेटिला 6x** या **30** की दो तीन मात्रा दें।

वर्षा की हवा लगने पर कर्णमूल फूल कर गहरे लाल हो जाते हैं और अधिक पीड़ा रहती है। **रस टोक्स 6x** की दो तीन मात्रा दें।

4. बच्चों में गण्डमाला से उत्पन्न ग्रन्थि रोग (Scrofulus disease of glands)

गण्डमाला धातु दोष से लसिका ग्रन्थियाँ **(Lymphatic glands)** धीरे-धीरे बढ़ती हैं और कड़े होकर वेदना हीन हो जाती हैं बाद में सूजन होने के कारण वेदना मुक्त हो जाती हैं। और एकदम अन्त में मवाद पैदा हो जाता है। जो देखने में दही जैसा होता है। कोई-कोई ग्रन्थि में मवाद पैदा नहीं होता वह केवल बढ़ जाती हैं। इस बीमारी में साधारणतया गला, हड्डी, बगल और जाँघ के जोड़ आक्रान्त होते हैं। यह रोग बालकों में ही अधिक होता है।

बीमारी की आरम्भिक प्रादाहिक अवस्था में, जब रोग सूखी ठण्डी हवा लगने से होता है। जिसमें ज्वर, बेचैनी, प्यास इसके आनुवांशिक लक्षण हैं। **एकोनाईट-3x** की 2-3 मात्रायें दिन में दें। ग्रन्थि में सूजन और लाल होना जिसके साथ सिर में टपकन वाला दर्द यह भी प्रादहिक अवस्था के लक्षण हैं। **बेलोडोना-6** की 2-3 मात्रा दिन में दें।

बालक का सिर और पेट बड़े आकार का, सोते समय सिर में बहुत पसीना आना, अकस्मात ठण्ड लग जाती है। शीतल आर्द्र हवा सहन नहीं होती है। **केल्केरिया कार्ब-30** दिन में दो बार दें (यह दवा थुलथुले शरीर वाले शिशु और बालकों के लिए विशेष उपयोगी है।)

आक्रान्त जोड़ में स्पर्श की अधिकता, पीड़ा के कारण वह स्थान स्पर्श नहीं किया जा सकता है। हवा लगने से कष्ट और असहनीय पीड़ा। ग्रन्थि में मवाद होने पर। **हिपर सल्फ 6x** दिन में 2-3 बार दें। इसके देने से मवाद सूख जाता है।

ग्रन्थियों में सूजन और प्रदाह होने पर। **मर्क सोल 6x** 2 बार दें। (यह मवाद होने पर उसे सुखा देता है)

ग्रन्थि अत्यन्त कड़ी, पीड़ा रहित और सूजन अधिक। **आयोडिन 6x** 2-3 बार दिन में दें।

5. चेचक (Small pox)

चेचक एक अत्यन्त संक्रामक **(Infectious)** रोग है। एक प्रकार के सूक्ष्म जीवाणु इस रोग की उत्पत्ति का कारण हैं। इस रोग में मसूर की दाल के समान दाने निकलते

हैं। चेचक का विष शरीर में प्रवेश करने के 10-12 दिन बाद तेज बुखार आता है। जो 103^0 से 106^0 तक पहुँच जाता है। शरीर के अंगो में अधिक पीड़ा, ठंड लगना, जलन, उल्टी होना शुरू हो जाती हैं। ज्वर तीन चार दिन बाद कम हो जाता है। और इस समय दाने निकल आते हैं। अधिकतर माथे और मुँह पर इसके दाने पहले निकलते हैं। यह दाने मच्छर के काटने के समान होते हैं। दो तीन दिन में दाने सारे शरीर में निकल आते हैं और इसके बाद इन दानों में पीव पैदा हो जाता है।

चेचक प्रायः दो प्रकार की होती हैं। अलग-अलग दाने वाली चेचक **(Discrete form)** इसमें दाने स्पष्ट रूप से अलग-अलग रहते हैं। दूसरी संयुक्त दाने वाली मिली जुली चेचक **(Confluent form)** होती हैं। इसमें दाने एक दूसरे से सट जाते हैं। दाने निकलने पर ज्वर थोड़ा घट जाता है परन्तु दाने निकलने के बाद इसमें मवाद भर जाता है इसे सेकेण्डरी ज्वर कहते हैं। रोग अरोग्य होने पर 10-12 दिन में दाने सूख जाते हैं। यद्यपि रोगी इस रोग से अगर ठीक भी हो जाता है फिर भी अधिकांश रोगी जीवन भर के लिए अन्धे या बहरे हो जाते हैं।

इस रोग के फेलने से पहिले प्रतिरोधक दवाइयों का सेवन कराने से बीमारी की सम्भावना दूर हो जाती है। **वेरिओलिनेम, वेक्सिनियम** और **मेलेण्ड्रिनम** चेचक की प्रतिरोधक दवाइयाँ हैं इनमें से किसी एक की 30 शक्रि की दवा हफ्ते में एक बार या दो बार देने से चेचक का प्रक्रोप नहीं होता इन तीनों में से **मेलेण्ड्रिनम** रोग के लिए उत्तम दवा साबित हुई है।

रोग में बहुत परिमाण में खाल उधेड़ने वाला स्राव जिस स्थान पर लगे घाव बना देता है। मुँह के दोनों कोनों और मुँह के अन्दर घाव, जिसके कारण शिशु मुँह नहीं खोल सकता, शिशु सदा नाक में अंगुली देता रहता है जिसके कारण रक्त आ जाता है। **एरम ट्राइफाइलम 6x** 2 मात्रा दें।

बच्चे को तेज बुखार, मस्तिष्क में रक्त संचय और विकार, प्रलाप आदि लक्षणों में। **बेलाडोना 3x** का 2-3 बार सेवन करायें।

रोग में सारे विसर्जनों से भयंकर दुर्गन्ध जैसे पखाना, पेशाब, पसीना, दस्त आदि और पेट फूलना बेचैनी लक्षणों में। **बेप्टीशिया 6x** की 2-3 मात्रा दें।

माता के दाने अचानक बैठने लगें और शिशु का शरीर एकदम ठंडा होने लगे। **केम्फर Q** की 2-3 बूँदे शक्कर, मिश्री या बतासे में दें।

चेचक के घाव में दुर्गन्ध, सारे स्रावों में दुर्गन्ध। शरीर के सारे अंग सड़कर निकल रहे हों, इन लक्षणो में। **कार्बोलिक ऐसिड 6x** की 2-3 मात्रा दें और इसका बाहरी प्रयोग भी करना चाहिए।

माता के दानों में मवाद पड़ जाना, अधिक लार गिरना, दस्त, जीभ पर सूजन और दाँत के निशान बने **(tounge flabby with imprint of teeth)**। **मर्क्युरियस 6x** विचूर्ण की 2 मात्रा दें।

रोग तेज हो जाए और सब व्याधियाँ बढ़ जाने पर। **मेलेण्ड्रिनम 200** की एक मात्रा दें। रोग किसी अवस्था में हो इसका व्यवहार उपयोगी सिद्ध होगा। **वेरियोलिनम 6x** और **वेक्सिनियम 6x** औषधियाँ भी व्याधि की हर अवस्था में उपयोगी हैं। **एण्टिम टार्ट 6x** विचूर्ण भी चेचक की श्रेष्ठ दवा है। इसका प्रयोग रोग की सारी अवस्थाओं में होता है। ज्वर का वेग भी कम हो जाता है।

रोग की प्रत्येक अवस्था की प्रवृत्ति दूर करने और स्वस्थ करने में। **सारासिनिया 6** अधिक उपयोगी सिद्ध होती हैं इसकी 2-3 मात्रा दें।

काले रंग की दाने वाली चेचक जिसमें दानों से रक्त निकलता है। इन लक्षणों में। **आर्सेनिक एल्ब 6x** की 2-3 मात्रा दें।

6. बच्चों को चोट लगना
(Injury in children)

जब बच्चा बिस्तरों में इधर-उधर लोटना, घुटनो के बल चलना और पैरों से चलना शुरू कर देता है ऐसी स्थिति में बच्चों का गिरना व चोट लगना स्वाभाविक होता है। बच्चों के गिरना व चोट लगने पर **आर्निका 200** की एक खुराक देने से यह चोट लगने के कारण सारी कठिनाइयों को दूर करता है और चोट का दर्द और चोट को जल्दी ठीक कर देता है।

बच्चों के टखने की कमजोरी और मोच आने पर। **नेट्रम कार्ब 6** की तीन मात्रा दें।

7. जल चेचक
(Chicken pox)

यह एक संक्रामक रोग है यह चेचक **(Small Pox)** से भिन्न होती है। इसमें चेचक की तरह तेजी नहीं होती और इस रोग के जीवाणु चेचक के रोग के जीवाणु से अलग होते हैं।

इस रोग में ज्वर साधारण होता है। और ज्वर के दूसरे दिन इसमें दाने निकल आते हैं जो ऊपर की तरफ उठे होते हैं चेचक की तरह चपटे नहीं होते। तीन चार दिन बाद दानों में पानी भर जाता है और वह फफोले जैसे लगने लगते हैं। उसके बाद मवाद भर जाता है और 6-7 दिन में सूख जाते हैं परन्तु त्वचा पर कोई दाग/निशान नहीं पड़ता है।

रोग में ज्वर रहने पर। **एकोनाइट 3x** की 2-3 मात्रा दें और इसके बाद **रस टोक्स 6x** की 2-3 मात्रा दें, शरीर में दर्द, बेचैनी, कम्पन आदि लक्षणों में **जेलसिमियम 3x** 2-3 मात्रा दें। इस उपचार से अन्य औषधियों की आवश्यकता नहीं पड़ती है।

शिशु की त्वचा पर अधिक खुजलाहट, अथवा सूजन विशेषकर नीचे की पलकों पर हो तो। **एपिस मेलिफिका 30** की दो मात्रा दें।

रोग में ज्वर, सिर में पीड़ा अथवा मस्तिष्क प्रदाह, प्रलाप और अकड़न हो तो। **बेलाडोना 3** या **6x** की 2-3 मात्रा दें।

दानों में मवाद पड़ने पर। **मर्क्यूरियस 6x** विचूर्ण की 2 मात्रा दें।

8. डिफ्थीरिया
(Diphtheria)

यह रोग एक प्रकार के जीवाणु से उत्पन्न होता है गन्दी वायु या ड्रेन की दूषित भाप इसका कारण है। यह अत्यन्त संक्रामक रोग है।

इस रोग में गले की श्लेष्मिक झिल्ली पर एक प्रकार का परदा पड़ जाता है और यह मूल झिल्ली के साथ मिल जाता है। टोन्सिल सूज जाते हैं और सबसे पहले बच्चे को तेज बुखार आता है। बदन में दर्द, बेचैनी, बार-बार खँखार कर श्लेष्मा निकालने की चेष्टा करता है। यह इस रोग के सर्वप्रथम लक्षण है।

गले के डिफ्थीरिया के अलावा अगर झिल्ली नाक तक पहुंच जाए तो उसे नेजल डिफ्थीरिया कहते हैं। नाक से रक्त और पीले रंग की दुर्गन्धमय श्लेष्मा निकलती है। इसी प्रकार अगर झिल्ली स्वर यंत्र तक पहुँच जाती है तो उसे **लैरिजियल डिफ्थीरिया** कहते हैं। स्वर भंग होना, कफ, कष्टदायक खाँसी कष्ट, इसके प्रधन लक्षण हैं।

डिफ्थीरिया के विष से डिफ्थीरियम नामक दवा बनाई गई हैं। यह डिफ्थीरिया की उत्तम प्रतिरोधक भी है। इसकी 30 शक्ति की एक दो मात्रा देने से ही यह डिफ्थीरिया रोग के प्रतिरोधक का काम करती है और रोग को दूर करने के लिए इसकी 200 शक्ति का व्यवहार रोग की किसी भी अवस्था में किया जा सकता है। यह रोग की बाद की दुबर्लता को भी दूर करती है।

बच्चे के सारे मुँह में घाव, पानी पीने पर वह गले से नीचे नहीं उतरता। नाक से बाहर आ जाता है। उपजिव्हा में सूजन, साँस दुर्गंधित, नाड़ी कमजोर इन लक्षणों पर। **एसिड म्यूरियेटिक 6** की दो तीन मात्रा दें।

शिशु के टोंसिल अधिक सूज जाते हैं। तरल पदार्थ पीने पर नाक से निकल जाता है। शिशु बेहोश सा पड़ा रहता है। नींद में बड़बड़ाता है। **एसिड सल्फ्युरिक 6** की दो तीन मात्रा दें।

गले का भीतरी भाग फूल जाता है और लाल या बैंगनी रंग का हो जाता है नाक से गाढ़ा या पतला पानी निकले। **एलिएन्थस 6x** की दो मात्रा दें। यह डिफ्थीरिया की एक उत्तम दवा है।

गला अधिक फूला हुआ और उसमें डंक मारने जैसा दर्द, पीड़ा बायीं ओर से

शुरू हो। टोंसिल व उपजिव्हा में सूजन और वृद्धि। प्यास बिल्कुल न लगे। **एपिस मेलिफिका 6x** की दो तीन मात्रा प्रतिदिन दें।

सारे गले में खिचखिचाहट और पीड़ा। मुँह से तेज लार आए वह जहाँ लगे खाल उधेड़ दे। शिशु होंठ और नाक को खुरचे जिसके कारण रक्त निकले। **एरम ट्राइफाइलम 6x** की 2-3 मात्रा दें।

मुँह व नाक से अत्यन्त दुर्गन्ध आए। शिशु केवल तरल पदार्थ पी सकता है। ठोस पदार्थ नहीं निगल सकता है। **बेप्टीशिया-3x** की 2-3 मात्रा देनी चाहिए।

गले में गैंग्रीन, तालु में जलने वाले फफोले और मुँह से अत्यन्त दुर्गन्ध आए। **केप्सिकम 6 x** की 2 मात्राएँ दें।

डिफ्थीरिया के साथ गले से खून निकले, शिशु को हिचकी आए। मुँह और नाक से रक्त स्राव हो। **क्रोटेलस होरिडस 6x** की 2 मात्रा दें।

गले में झिल्ली बाईं ओर बने, टोन्सिल में प्रदाह, उस पर पीले राख के रंग की झिल्ली, शिशु के मुँह से लार आए। घूँट लेने में कष्ट। **मर्क बिन आयोडाइड 6x** (विचूर्ण) की 2 मात्रा दें। अगर झिल्ली दाईं तरफ बने तब। **मर्क प्रोटो आयोडाइड 6x** (विचूर्ण) का प्रयोग करें। वैसे **मर्क सायनाइड 6x** (विचूर्ण) डिफ्थीरिया की एक उत्तम दवा है।

जीभ का अगला भाग, गला, तालु और टोंसिल अधिक लाल। मुँह से अधिक लार आए। गले एवं सारे शरीर में खिंचावट रहे। आँखें धँस जाएँ और चारों ओर कालापन आ जाए। **फाइटोलेक्का-6** की 2-3 मात्रा दें।

9. बच्चों में टीकाकरण (Vaccination)

चेचक का टीका बच्चे के पैदा होने के बाद छः महीने के अन्दर लगवा देना अनिवार्य है। जिसका पालन न सिर्फ बच्चे को हितकारी है बल्कि माता-पिता की परेशानियों को भी दूर करता है। गाँव आदि जहाँ टीका न मिल सके और बच्चे को टीका न लग सके वहाँ **वेक्सीनम 30** की एक मात्रा प्रतिदिन एक हफ्ते तक सेवन कराने से बच्चा चेचक रोग से सुरक्षित हो जाता है। कभी-कभी टीका लगवाने से हानि हो जाती है परन्तु **वेक्सीनम 6x** का सेवन करवाने से नुकसान होने का डर नहीं रहता यही नहीं जब चेचक फैला रहे तब। **बेरियोलिनम 200** एक मात्रा हर हफ्ते, जब तक चेचक फैला है खिलाते रहना चाहिए। **वेक्सिनियम 6x** चूर्ण की एक मात्रा खिलाने से चेचक रोग की रोकथाम की एक बढ़िया दवा है।

10. बच्चों का दया के लिए चिल्लाना
(Cry of pity)

बच्चा अपनी ओर ध्यान आकर्षित करने के लिए रोता है और जब उसे प्यार से थपथपाया जाता है और प्यार दर्शाया जाता है तो चिल्लाना व रोना बन्द कर देता है और खुश हो जाता हैं। ऐसे बच्चे की जबान पीली या सफेद होती है और प्यास नहीं लगती है। **पल्सीटिला-6** चार-चार घण्टे से दें।

11. बच्चों के दूध सम्बन्धित रोग
(Ailments related to milk)

दूध पीने के बाद बच्चा उल्टी कर देता है चाहे उसकी दूध पीने की इच्छा हो या न हो। इसके मुख्य कारण यह कि शिशु के मुँह में छाले या माँ के स्तन में फोड़ा, जिसके कारण दूध दूषित हो जाता है या माँ का दूध भारी होने के कारण पचा नही सकता। इसलिए तुरन्त या कुछ देर बाद उल्टी कर देता हैं। इन सब में पाकाशय की गड़बड़ी प्रमुख है।

बच्चा अधिक समय तक स्तनपान न छोड़ना चाहे तो। **बेलाडोना 30** की दो मात्रा दें।

बच्चा केवल माँ का दूध ही पीना चाहे उसके अलावा कुछ न खाये या पिये। **कैल्केरिया कार्ब 30** की दो मात्रा दें। (यह एक उत्तम दवा है।)

शिशु को दूध हजम नहीं होता। शिशु दूध पीता है और निकाल देता है। **इथूजा 30** की दो मात्रा दें।

स्तनपान करने वाले बच्चों को अपच, जिसमें हरे पतले झागदार दस्त आते हैं। **मैग्नीशिया कार्ब 30** की 2-3 मात्रा दें। यह एक अच्छी दवा है।

बच्चों को अधिक भूख लगती है और स्तनपान के बाद भी भूखा रहे। तो दो-तीन दिन सुबह शाम **कैलेन्डुला मदर टिंचर** की **2-3** बूँदे पानी में दें।

बच्चे जो माँ का दूध पसन्द न करें और अगर पियें तो पेट में दर्द हो जाए। **मैग्निशीया कार्ब 30** की 2-3 मात्रा दें।

भूख कभी कम, कभी ज्यादा, बदमिजाज, परन्तु तन्दुरुस्त व गोल मटोल बच्चा। **सीना 30** की दो मात्रा दें। इसके देने से ठीक रहता है।

नवजात शिशु अगर दूध पीने से मना कर दे और उसका कोई विशेष कारण न हो तो। **मर्क 6** हर चार घंटे के बाद माँ और बच्चे दोनों को देनी चाहिए, अगर अधिक कमजोरी हो तो। **चायना 6** की 2-3 मात्रा दें।

अगर शिशु दूध पीते ही उल्टी कर दे तो। **साइलीशिया 6** की 2-3 मात्रा दें और माँ को **पल्स 6** की 2-3 मात्रा दें। (अगर दूध में अधिक चिकनाई हो तो)

माता के क्रोध करने पर, बच्चा दूध पीने के बाद उल्टी कर देता है। **वेलेरियन 30** की दो मात्रा दें।

बच्चे के सिर पर पसीना, चेहरा पीला और सुस्ती। सिर की हड्डियाँ आपस में न मिलें। पेट व सिर बड़ा हुआ। टाँगे व बाजू पतले। पसीने में खट्टी बदबू। मल का रंग चाक सा। **कैल्केरिया कार्ब 30** की दो मात्रा दें।

12. शिशुओं में धनुषटंकार (Tetenus of child)

यह संक्रामक रोग है। इसमें बच्चे के अंग अकड़ जाते हैं और शरीर धनुषाकार हो जाता है इस रोग का कारण कीटाणु माना जाता है।

बच्चों में यह रोग गीली जमीन पर नंगे बदन सोने पर, भीगने या सर्दी लगने पर उत्पन्न होता है। ऑपरेशन, चोट लगना भी इसके अन्य कारण हो सकते हैं।

प्रारंभिक अवस्था में बच्चे की पाचन क्रिया में अनियमितता आ जाती है। परंतु इस रोग के लक्षण जब पता लगते हैं। जब बच्चा मुंह खोलने में असमर्थ हो जाता है।

पैदा होने के बाद शिशु को धनुषटंकार की बीमारी हो जाती है। जिसमें शिशु दूध नहीं खींच सकता, उसकी गर्दन कड़ी हो जाती है जबड़े बैठ जाते हैं और इसके बाद बेहोशी या अकड़न हो जाती है। मुँह और शरीर लाल या नीले हो जाते हैं। हाथ की मुट्ठियाँ बन्द और कभी-कभी बुखार 105 डिग्री तक पँहुच जाता है। यह बीमारी अधिकाशंतः जंग लगे उस्तरे या औजार से नाल काटने या चोट लगने से होती है। विशेष लक्षण पर चिन्हित दवाई ही देने से आशातीत आराम मिलता है।

इस रोग में सर्दी लगने पर शिशु को बुखार, बराबर रोना और बेचैनी के लक्षण रहने पर। **एकोनाइट-6** की 3-4 मात्रा दें।

शिशु में जब अकड़न, काँपना और जबड़े इधर-उधर हिलने के लक्षण हों तो। **जेलसिमियम-3** की दो-तीन मात्रा दें।

नाभि के प्रदाह के कारण अगर धनुषटंकार उत्पन्न हो तो। **बेलाडोना-6** का प्रयोग 2-3 मात्रा में करें।

चोट के कारण अगर शिशु को धनुषटंकार हो जाए तो। **आर्निका-6x** या **हाइपेरिकम 3x** की 2-3 मात्रा दें।

दूध पिलाने वाली माता के ज्यादा क्रोध या शोक आदि से दूध दूषित हो जाता है और शिशु जब यह दूध पीता है तो धनुषटंकार बीमारी हो जाती है। ऐसी अवस्था में शिशु और माता दोनों को **इग्नेशिया-6** की दो-तीन मात्रा खिलानी चाहिए।

13. बच्चों को धूप या लू लगना
(Sun stroke)

गर्मियों के दिनों में बच्चे देर तक धूप मे घूमते हैं इस कारण धूप लग जाती है।

इस बीमारी में बच्चों का सारा शरीर खास कर सिर चेहरा गर्म और लाल हो जाता है। नाड़ी तेज हो जाती है आँखें लाल, मिचली या कै बार-बार आती हैं पेशाब बन्द होने वाले लक्षण में। **ग्लोनाइन-3** की एक मात्रा 5-5 मिनट के अन्तर से देनी चाहिए।

14. प्रतिरोधक ठंड व जुकाम
(Preventives of cold and cough)

मौसम में बदलाव के कारण बच्चा उससे जल्दी प्रभावित हो जाता है बच्चा मोटा व थुलथुला होता है देखने में तन्दुरुस्त होता है बच्चे को पसीना अधिक आता है और पसीने के वक्त खेलने चला जाता है। **केल्के. कार्ब 200** की सुबह शाम एक-एक खुराक देवें।

ऐसे बच्चे जो देखने में छोटे व समय के अनूकूल विकसित न हो जिनका पेट वढ़ा हुआ हो व शरीर के अंग सिकुड़े हुए से हों। ऐसे बच्चो को सर्दी व जुकाम हो। ऐसे बच्चे गले के रोग और तालू मूल प्रदाह से ग्रसित रहते हैं। **बैराइटा कार्ब 200** सुबह शाम एक-एक खुराक दें। बार-बार लगने वाली सर्दी जुकाम, कफ अधिक मात्रा में छाती में भरा रहता है। लेकिन निकलता नहीं, कभी-कभी खाँसी के साथ उल्टी हो जाती है, **इपिकॉक 30** की शक्ति की तीन गोलियाँ चार-चार घण्टे के अन्तर से दें।

15. शिशु पक्षाघात
(Poliomyelitis)

ज्वर, गले की पीड़ा, आक्षेप और पाकाशय की गड़बड़ी इस रोग के साथ रहती हैं। इसमें एक या इससे अधिक अंगों की कोई एक पेशिया रोगग्रस्त हो जाती हैं। जब ज्वर थोड़ा कम हो जाता है तो देखा जाता हैं कि शिशु चल फिर नहीं सकता है। हाथ पैर हिलाने की शक्ति भी नही रहती। शिशुओं में यह रोग संक्रामक रूप धारण कर लेता है। जीवाणु इसके रोग का कारण समझ जाता है। जो नाक से प्रवेश करता है।

शिशु को ज्वर और अस्थिरता। रोग का कारण भय अथवा ठंड लगना जिसमें अचानक प्रदाह के लक्षण पैदा हो जाते हैं। **एकोनाईट-3x** की 2-3 मात्रा दें।

शिशु का सिर गर्म, नेत्र और मुख मण्डल लाल, प्रकाश सहन नहीं होता। **बेलाडोना 3x** की 2-3 मात्रा दें।

जब **एकोनाइट** के प्रादाहिक लक्षण और **बेलाडोना** के मस्तिष्क के लक्षण शिशु में पाये जाएँ और साथ में पेशियों की शिथिलता रहे। शिशु को निद्रा आना, हाथ

पैर में कम्पन और गति स्नायु **(Motor nerve)** के सम्पूर्ण पक्षाघात के लक्षण होने पर। **जेलसिमियम 3x** की 3 मात्रा दें।

सम्पूर्ण शरीर या अंग विशेष का पक्षाघात शीत के कारण हो जाए। शिशु / बालक क्षण में क्रोधित हो जाता है और विचलित रहता है। **कास्टिकम-12** की 2 मात्रा दें। (यह पक्षाघात की एक उत्तम दवा है)

बच्चों में अनिश्चितता और कोष्ठबद्धता के साथ नीचे के अंगो का पक्षाघात। जीभ गलकोष तथा ओंठ के पक्षाघात डिफ्थीरिया रोग के बाद का पक्षाघात। आक्रान्त स्थान बहुत ठंडा, पतला और सुन्न। यहाँ तक कि बच्चा पैर उठाकर ऊपर नहीं रख सकता। चलते समय लँगड़ाकर चलता है आक्रान्त स्थान के छूने से रोग में वृद्धि और दबाने से आराम। **नक्स वोमिका 30** दिन में दो बार दें।

बच्चों की पेशियाँ आंशिक रूप से संकुचित हो जाती हैं। ऐसा जान पड़ता है कि कोई कीड़ा चल रहा है। आक्रान्त स्थान सुन्न और गर्मी से रोग में वृद्धि। **फोसफोरस-6** की 2 मात्रा दें। (दुर्बल बनाने वाली बीमारियाँ जैसे दस्त आदि के बाद पक्षाघात या बोली बन्द होने के पक्षाघात में भी अधिक उपयोगी है)

शिशु में निचले या ऊपरी अंग का पक्षाघात, आक्रान्त स्थान कमजोर पड़ जाता है। शिशु चल नहीं सकता बार-बार ठोकर लग जाती है। **लेथाइरस सेटाइवा 6x** की 2-3 मात्रा दें।

शरीर के किसी प्रकार के उद्भेद के लुप्त होने अथवा आर्द्रता के कारण उत्पन्न शिशु का पक्षाघात। आक्रान्त अंग बर्फ की तरह ठंडा। स्पर्श शक्ति में कमी और बोलीबन्द होने पर। **डल्कामारा 6x** की 2-3 मात्रा दें।

शिशु का पक्षाघात दुर्बलता सिर के पिछले हिस्से से पीठ से होकर नीचे के अंग में उतरती हैं। नीचे का अंग सुन्न। **फाइसोस्टिग्मा 6x** की 2-3 मात्रा दें।

16. शिशु को बुढ़ों जैसा दिखना (OlderApperance of the baby)

अगर तीन चार सप्ताह के शिशु का विकास न हो उसका चेहरा बूढ़े लोगों का सा दिखे। उसके हाथ पैर ढीले ढाले लगें। त्वचा पर झुर्रियाँ दीखें। सिर की हड्डियों का विकास ठीक प्रकार से न हो वह एक दूसरे पर चढ़ती दिखें ऐसे बच्चे को। **ओपियम 30** एक खुराक प्रतिदिन देनी चाहिए। जब तक शिशु में अन्तर न दिखे। थोड़े समय के बाद दवा को फिर देना शुरू कर दें और तब तक देते रहें जब तक फायदा न हो।

17. बच्चों का बिस्तर में पेशाब करना (Bed wetting)

बच्चों में इस बीमारी के कई कारण हो सकते हैं जैसे बच्चों का पूर्ण विकास न होना या बच्चे पर किसी प्रकार का दबाव होना या रहना। ये इस बीमारी के मुख्य कारण

होते हैं। इसके अलावा घर के लोगों को बच्चे की भावुकता को समझना व ध्यान में रखना चाहिए। बच्चे के शारिरिक एवं मानसिक लक्षणों का ध्यान रखकर होम्योपेथिक एवं **बायोकेमिक** दवाइयाँ देनी चाहिए।

सीधे सादे बच्चे जो जल्दी ही रो देते हैं जिनको चिकने पदार्थ खाने से नुकसान करते हैं और भाते नहीं हैं। ऐसे बच्चे अधिकतर सोते समय अपने हाथ, पेट और सिर पर रखा करते हैं। **पल्साटिला 30** दिन में दो बार दें।

बच्चे जो जल्दी गुस्सा हो जाते हैं और स्वभाव के जिद्दी होते हैं। ऐसे बच्चे सोते समय अपने हाथ सिर के ऊपर या नीचे रखते हैं। **नक्स बोम 200** केवल एम मात्रा रात्रि में दें।

बच्चे का पेशाब तेजाबी होता है और जल्दी-जल्दी निकल जाता है वह दिन में भी बिस्तर में पेशाब कर देते हैं। कभी-कभी पेशाब बूँद-बूँद करके निकलती है। **रस टोक्स 6** की दिन में तीन मात्रा दी जानी चाहिए।

मोटे व थुलथुले शरीर वाले बच्चे जो अधिक पानी पीते हैं और जिन्हें पसीना अधिक आता है। रात में बिस्तर में कई बार पेशाब कर देते और दिन में भी थोड़ी-थोड़ी पेशाब करते रहते हैं। बच्चा पेट के बल सोता है और अपनी भुजाएँ सिर पर रखता है **केल्केरिया कार्ब 6** तीन बार दें।

पीले और पतले बच्चे जिन का पेट बड़ा हुआ होता है और जो शक्कर अधिक खाना पसन्द करते हैं। **सल्फर 1 M** की एक खुराक दें। यह इस रोग की उत्तम दवा है। सबसे पहले इसका प्रयोग करना चाहिए बाद में और दवाइयों का विचार करना चाहिए। इससे फायदा न हो तो। **इक्वासिटम Q** की दो-तीन बूँद पानी में डालकर दिन में दो-तीन बार दें फायदा होगा।

बच्चे को खड़े-खड़े अनायास दिन में पेशाब निकल जाए और पेशाब की मात्रा अधिक हो। ऐसे बच्चे को पसीना अधिक आता हैं और सर्दी भी अधिक लगती हैं **बेलाडोना-6** तीन बार दी जानी चाहिए।

बच्चे जिनको पसीना जल्दी आता है और जल्दी बीमार हो जाते हैं। वह वसा युक्त चीजें अधिक पसन्द करते हैं। उसकी पेशाब में खट्टी बदबू आती है और गरम होती है। **मर्क्युरियस-6** की तीन खुराक दी जानी चाहिए।

बच्चा जो पहली नींद में ही बिस्तर में पेशाब कर देता है। बच्चे को पेशाब खाँसते, छींकते और चलते समय निकल जाता है। बच्चा खड़े होकर आसानी से पेशाब कर लेता है। **कास्टिकम-6** दिन में तीन मात्रा दें।

18. मल मूत्र सम्बन्धित रोग
(Ailments related to stool and urine)

बच्चों में अगर मल मूत्र का विसर्जन ठीक प्रकार से न हो तो अनेक प्रकार के रोग पैदा हो जाते हैं। बच्चों को स्वस्थ रखने के लिए इनका समाधान अतिआवश्यक है।

बच्चा पेशाब में जलन की शिकायत करे तो। **कैन्थेरिस 30** की दो मात्रा दें।

बच्चों की काँच निकले तो। **फेरमफॉस 6** की 2 मात्रा दें।

रात्रि के प्रथम प्रहर में अगर बच्चे का पेशाब अपने आप निकल जाता है बच्चे को नींद से उठाना मुश्किल होता है। बच्चा पेशाब करने के सपने देखता है और पेशाब कर भी देता है। इन लक्षणों में **क्रियोजोटम 30** की दो मात्रा दें।

बच्चों का सोते समय पेशाब कर देना। **लाइकोपोडियम 6** की दो मात्रा दें।

शिशु की पेशाब, अपने आप निकल जाने लगे तो। **नक्स वोम 6** की 2-3 मात्रा दें।

शिशु को पेशाब ना हो तो। **बेलाडोना 6** या **ओपियम 6** की दो मात्रा दें।

बच्चा पहली नींद में पेशाब कर देता है। **सिपिया 200,** या **कास्टिकम 200** की एक मात्रा दें।

शिशु का मूत्र रुकने पर। **एकोनाइट 30,** या **एपिस 30** की दो मात्रा दें।

जैसे ही बच्चे की नींद खुलती है वैसे ही वह बिस्तर में पेशाब कर देता है। **क्वाशिया 30** की 2-3 मात्रा दें।

बच्चों का बिस्तर पर पेशाब कर देना। **इक्वासिटम क्यू** 5 बूँद गुनगुने पानी में दिन में तीन बार दें (वृद्धों के लिए भी उत्तम है)।

बच्चों में पेशाब रुक जाना। **एकोनाइट 6** हर दो घंटे बाद अगर दो-तीन खुराक से फायदा ना हो तो। **नक्स वोम 6,** या **पल्साटिला 6** की दो तीन मात्रा दें। (इन दवाओं के साथ-साथ गरम कपड़े या गरम पानी से मूत्र थैली के आसपास सिंकाई करें)।

19. रक्त स्वल्पता (Anaemia)

शिशु के इस रोग में या तो शरीर में रक्त की मात्रा की कमी या रक्त में लाल कोशिका **(Red blood corposles)** की मात्रा में कमी या रक्त के लाल कणों में लाली प्रदान करने वाले पदार्थ **(Haemoglobins)** की मात्रा में कमी हो जाती है। बच्चे को ताजी व खुली हवा न मिलना, अन्धेरे स्थान में रहना, किसी कारण चोट लग जाने से शरीर में अधिक खून निकलना। कृमिरोग, कब्ज या अपच रहना आदि कारणों से यह रोग उत्पन्न होता है। इसमें त्वचा का रंग फीका या सफेद हो जाता है नाखून सफेद हो जाते हैं। हाथ पैर ठंडे और जल्दी थकान हो जाती है भूख कम लगती है।

शिशु की रक्त की अल्पता (ऐनीमिया) में **साइलीशिया 30** की दो मात्रा दें। जो बच्चे कमजोर हो और तेजी से बढ़ रहे हों तो उनको **आयोडियम 30** की दो मात्रा दें।

कमजोर और एनिमिक बच्चे जिनका शरीर ढीला-ढाला, हाथ-पैर ठण्डे, पाचन शक्ति कमजोर और भूख न लगे। **कैल्केरिया फॉस 6x** की दो मात्रा दें।

नवजात शिशु में जीवित होने के कोई लक्षण न दिखें केवल नाभि पर धड़कन दिखे, शिशु की भुजाएँ ढीली, चेहरा सूजा हुआ और बेचैनी, साँस की नली में कफ। **एण्टिम टार्ट 6** एक गोली का पाउडर बनाकर शिशु की जबान पर रख दें, तुरन्त लाभ होगा।

कमजोर बच्चे जिनमें खून की कमी हो और जो दूध पीना पसंद नहीं करते, पसीना अधिक आए। दस्त की शिकायत अधिक रहती है, गरम कमरा पसंद नहीं करते। **ट्यूबरकुलिनम 200** की एक मात्रा दें।

20. बच्चों के स्कर्वी या शीताद रोग (Scurvy)

खाद्य पदार्थ में शरीर पोषण करने वाले तत्व की कमी के कारण स्कर्वी रोग पैदा होता है। अधिकांश खाद्य में पोटाश तथा कई तत्वों के अभाव से यह रोग उत्पन्न होता है। शिशु अगर बहुत समय तक माता का दूध न पिये और गाय का इतना उबला दूध कि पोषण करने वाले पदार्थ नष्ट हो जाएँ या ऐसे खाद्य खाये जो बलवर्धक या पुष्टिवर्धक न हों तो स्कर्वी रोग उत्पन्न हो जाता है।

इस बीमारी में सब अंग दुर्बल हो जाते हैं बालक सहज में हाँफने लगता है। चल नहीं सकता है छाती धड़कती है। श्वास में दुर्गन्ध, रक्त की कमी, दाँत हिलना और मसूड़े फूलना, त्वचा पर शिराएँ दिखना, बैंगनी रंग की छोटी-छोटी फुन्सियाँ होना, नाक से रक्त आना, भूख न लगना या राक्षसी भूख, तीसरे पहर हल्का-हल्का बुखार होना। इन लक्षणों पर **कार्बो वेज 6** या **मर्क्युरियस 6** का दिन में 2-3 मात्रा दें।

इस बीमारी में बालक के विशेषकर हाथ व पैर पतले, पेट सूखा हुआ, चिड़चिड़ा मिजाज, भूख ज्यादा, बालक देखने में बूढ़ा सा लगे, त्वचा फैली या लटकने वाली। **एब्रोटेनम-6** दिन में तीन बार दें।

दूसरी विचारणीय दवाइयाँ हैं। **अर्जेण्टम नाइट्रिकम, चायना, फेरम मेटालिकम, आयोडिन फास्फोरस सल्फर** आदि हैं।

21. बच्चों में सुखण्डी रोग (Rickets in children)

यह रोग बच्चों में पौष्टिकता की कमी के कारण या भोजन में विटामिन डी की कमी के कारण उत्पन्न होता है। साथ में ऐसे स्थान पर रहना जहाँ धूप की कमी रहती हो। इन कारणों से बच्चे की हड्डियों में बदलाव आ जाता है। विशेषकर हड्डियों के अन्तिम भाग मोटे या मुलायम हो जाते हैं यह रोग शिशु में 6 महीने से पहिले या 18 महीने बाद होता है।

शिशु के बदन में सूजन आ जाती है जब वह बदन इधर-उधर करता है तो दर्द होता है और वह चिल्लाया करता है। हल्का बुखार रहता है। रात के समय शिशु ओढ़ना पसन्द नहीं करता है और अधिक बेचैन रहता है। सिर व गर्दन पर अधिक पसीना आता है जिसके कारण तकिया भीग जाता है।

बच्चों की सुखण्डी बीमारी में जब बच्चा मोटा सुस्त, रात में सोते समय सिर में खूब पसीना आए, बच्चा थुलथुला और जिसका पेट बढ़ा हो तो उसको। **कैल्केरिया कार्ब** 30 की दो मात्रा दें।

सुखण्डी की बीमारी में बच्चे का सिर बड़ा, सिर की सीवन दूर तक खुली हुई, पसीना कम आए, सिर और शरीर की हड्डियाँ पतली व कमजोर, पेट थुलथुला और अन्दर घुसा हुआ, गर्दन पतली जिसके कारण सिर को अच्छी तरह से न सँभाल सके, बच्चा पीला और ठण्डा। **कैल्केरिया फॉस** 30 की 2-3 मात्रा दें।

सुखण्डी से पीड़ित बच्चे का रंग मटमैला, सिर बड़ा व सीवन खुली हुई, शरीर दुबला-पतला सूखा हुआ। पेट बढ़ा हुआ, मांसपेशियाँ व हड्डियाँ ठीक प्रकार से विकसित नहीं हों। चलना देर से सीखे। दूध सहन न हो, पीने से दस्त हो जाए। सिर माथे और बदन पर बदबूदार पसीना आता है। **साइलीशिया 200** की एक मात्रा दें।

22. बच्चों का सूखा रोग
(Marasmus in children)

इस रोग में बच्चा प्रतिदिन दुर्बल होता जाता है व हड्डियाँ कमजोर पड़ जाती हैं और उसकी आकृति डरावनी हो जाती है। चेहरा मुरझा जाता है। हाथ, पाँव और चूतड़ कमजोर और पतले होने लगते हैं। भूख अधिक या बिलकुल नहीं रहती। हरे दस्त होते हैं जिसका कारण पेट की खराबी होना। कभी-कभी खाँसी हो जाती है और आखिर में क्षय रोग हो जाता हैं।

सूखे के रोग में अंग सूखते जाते और पेट फूलता जाता हैं। **सल्फर 200** की एक मात्रा सुबह दें।

बच्चों का सूखते जाना। चेहरा पीला, त्वचा कड़क व सूखी पीली या बादामी। ठण्ड जल्दी लगना, कुछ भी खाने पीने से दस्त लग जाना। मल अनपचा बदबूदार। बेचैनी और जलन। **आर्सनिक एल्बम** 30 की 2 मात्रा दें।

हाथ व पैर पतले, पेट सूखा हुआ। बच्चा चिड़चिड़ा। बच्चे का बूढ़ों सा चेहरा। भूख ज्यादा, त्वचा फैली हुई व लटकने वाली। **एब्रोटेनम** 6 की 2-3 मात्रा दें।

सूखे के रोग में बच्चा हमेशा खाते रहना चाहता है। शरीर मुरझाया हुआ और ग्रन्थियाँ बढ़ जाती हैं। गर्मी से तकलीफ ज्यादा और सर्दी में कम। **आयोडीन 30** की दो मात्रा दें।

सूखे का रोग ऊपर से नीचे की ओर बढ़े। पैर ड्रम की तरह फूल जाते हैं। साँस

लेने में तकलीफ। सूखी खाँसी, सिर में दर्द, ठण्ड से आराम मिलता है। पेशाब में लाल रेत के कणों का जाना। मीठे का लालच। झुर्रियों वाला चेहरा जो आँखों के पास अधिक हो। **लाइकोपोडियम 6** की 2-3 मात्रा दें।

23. बच्चों में हिचकी (Hiccough in children)

हिचकी वास्तव में किसी रोग का उपसर्ग मात्र है जो कि कई रोगों की जटिलता के रूप से उत्पन्न होता है। बच्चों का अधिक खाना खा लेना, आमाशय में दूध के फट जाने पर अथवा अफारा आदि होने से हिचकी आने लगती हैं।

हिचकी के साथ बच्चा चिल्लाता है उसे ऐसा लगता कि उसे दर्द हो रहा है। **बेलाडोना 6** की 2-3 मात्रा दें।

बार-बार हिचकी से पेट में घड़घड़ाहट होती है। जिसके कारण बच्चा हाथ-पैर झटकता है। **हायोसाइमस 6** की दो मात्रा दें।

हिचकी खाने या पीने के बाद आती है और बच्चा आहें भरता है। **इग्नेशिया 6** की एक मात्रा हर हिचकी के बाद दें।

पेट की खराबी या अधिक खाने से हिचकी का आना। कभी-कभी हिचकी के साथ खाना भी आ जाता है। **नक्स वोम 6** की एक मात्रा या **पल्साटिला 6** की 2-3 मात्रा दें।

24. बच्चों में हैजा (Cholera in children)

यह एक तीव्र संक्रामक रोग है इस रोग में पहिले पतले चावल के मांड की तरह दस्त होते हैं फिर उल्टी जिसके पश्चात बच्चा दुर्बलता महसूस करता है। चेहरे पर मुर्दनी छा जाती है। शरीर पर पसीना आता है और शरीर ठंडा हो जाता है। नाड़ी दुर्बल हो जाती है। पेशाब कम और श्वास कष्टमय हो जाती है।

रोग में त्वचा गरम, धड़कन तेज। बच्चा अनिद्रा व बेचैनी में रहता है। **एकोनाइट 6** की 3-4 मात्रा दें।

दस्त का रंग हरा पीला दस्त पतला श्लेष्मा युक्त होता है। **एपिस मेल 6** हर दस्त के बाद एक मात्रा दें।

मल गहरा हरा, श्लेष्मायुक्त पानी के समान पतला। **आर्सनिक एल्बम 6** की 3-4 मात्रा दें।

बच्चो को चक्कर आना, नींद के पहले व बाद में पलंग से उठने का इच्छुक रहना। **बेलाडोना 6** की 3-4 मात्रा दें।

बच्चे को प्यास ज्यादा, मल जिसमें पानी की मात्रा ज्यादा रहती है। होठ कटे हुए। बच्चा बहुत तेज रोता है। **ब्रायोनिया 6** की 3-4 मात्रा दें।

बच्चा बड़े सिर वाला। मल का रंग सफेद चॉक सा और अनपचा खाद्य पदार्थ मिला वाला। **कैल्के कार्ब 6** की तीन मात्रा दें।

मल हल्के रंग का, मल में तेज बदबू। शाम को बेचैनी ज्यादा होती है। **कैमोमिला 6** की तीन मात्रा दें।

लगातार उबकाई व उलटियाँ। मल का रंग घास जैसा हरा सफेद। **इपिकाक 6** की 3-4 मात्रा दें।

मल का रंग हरा। भूख में कमी। **मैग कार्ब 6** की तीन मात्रा दें।

होंठ सूखे मल त्यागते समय व बाद में ऐंठन युक्त दर्द। **मर्क्युरियस 6** की तीन मात्रा दें।

मल का रंग पानी सा सफेद जो पीला व दर्द रहित। **एसिड फॉस 6** की तीन मात्रा दें।

टकटकी लगाकर देखते रहना, खाली पेट में खिंचाव। मल में सड़ी बदबू। **पोडोफाइलम 6** की 3-4 मात्रा दें।

प्यास की कमी। मल त्यागते समय घड़घड़ाहट की आवाज व ठण्डक। **पल्साटिला 6** की 3-4 मात्रा दें।

चेहरा पीला मल पतला व सफेद व पेट में घड़घड़ाहट। **सिकेल कोर 6** की तीन मात्रा दें।

मल का प्रकार बदलता रहता है बच्चा सुबह परेशानी ज्यादा महसूस करता है। मल अधिक कष्टदायी। **सल्फर 200** की एक मात्रा सुबह दें।

मल पतला पानी जैसा व छोटे-छोटे टुकड़ों में सूखा व गहरे रंग का। **वेरेट्रम एल्बम 6** की 3-4 मात्रा दें।

25. सामान्य रोग
(General diseases)

बच्चा सदैव ही हाथ-पैरों में दर्द बताए। **एसिड फॉस 6** की दो मात्रा दें।

नवजात शिशु का सिर सूजा हुआ लम्बा दिखे, तो शिशु को **आर्निका 30** की एक गोली चार-चार घंटे से दें और उसका सिर **आर्निका लोशन** (3-4 बूँदें एक बाल्टी पानी में डालकर) से धोएँ।

शिशु को हिचकी आए तो। **नक्स वोमिका 6** की एक खुराक दें।

नवजात शिशु की छाती में ठण्ड जकड़ जाए तो। **एपिकाक 6** की 2-3 मात्रा दें या **एण्टिम टार्ट 6** की 2-3 मात्रा दें। अगर बुखार हो तो। **एकोनाइट 2 या 6** की तीन मात्रा दें।

यदि समीकरण के अभाव में बच्चे को खाया पिया न लगे तो। **साइलीशिया 200** की एक मात्रा दें।

बच्चों के अण्डकोष में वृद्धि होने पर। **एब्रोटेनम 6** की तीन मात्रा दें।

बायोकेमिक उपचार

(Biochemic treatment)

दाँत निकालने में उपयोगी मुख्य दवा **कैल्के फॉस 6x** है जो बच्चे सुस्त, जिनमें सूखे का रोग, सिर के आगे की रेखा खुली होती है, बच्चे चल नहीं पाते, मवाद के जैसी दस्त व उल्टी। दवा की 2-3 मात्रा दें।

बच्चों में दाँत निकलने के साथ बुखार, बेचैनी, चिड़चिड़ाहट। **फेरम फॉस 12x** की दो मात्रा दें।

दाँत निकलते समय लार बहती रहती हो। **नैट्रम म्यूर 6x** की दो मात्रा दें।

दाँत निकलने पर बच्चों में उल्टी व ऐंठन। साँस में परेशानी और बेहोशी। **कैल्के फ्लोर 3** की तीन मात्रा दें।

जिन बच्चों का सिर बड़ा हो, सिर पर बहुत पसीना आए और पेट बढ़ा हुआ। **साइलीशिया 12x** की दो मात्रा दें।

बच्चे का बिस्तर में पेशाब करने पर। **कैल्के फॉस 6x, फेरम फॉस 12x, नैट्रम फॉस 6x** या **मैग फॉस 6x** सब की एक-एक गोली मिलाकर 2-3 मात्रा दें।

कृमि के कारण बच्चों का सोते में पेशाब कर देना। **साइलीशिया 12x** या **कैल्के फॉस 6x** की दो मात्रा दें। लक्षणानुसार।

बच्चों में सूखा रोग के कारण सर्वाधिक दुर्बलता, देर से दाँत निकले, पानी की तरह पतले दस्त और पेट फूले। तलपेट, थुलथुला, धँसा हुआ। बच्चे बूढ़े की तरह दिखे तथा बेचैन दिखाई दे। **कैल्केरिया फॉस 6x** की दो मात्रा दें।

बच्चों के कठंमाला जनित बीमारियाँ जिनका प्रभाव हड्डियों पर हो। **कैल्केरिया फॉस 6x** की दो मात्रा दें।

क्षयकारी बीमारी, जब मल सड़ा तथा दुर्गन्धित होने लगता है, हड्डियाँ क्षीण होने लगती हैं। **काली फॉस 6x** की 2-3 मात्रा दें।

बच्चों का गला तथा गर्दन जल्दी-जल्दी सूखे। बच्चा चिड़चिड़ा और देर से बोलना सीखता है। ठण्ड लगे, मिट्टी के रंग के समान चेहरा और साथ में कब्ज रहता है। **नैट्रम म्यूर 6x** की दो मात्रा दें।

बोतल से दूध पीने वाले शिशु को सूखा रोग, तलपेट फूला हुआ व यकृत बढ़ा हुआ। खाने के बाद पेट में दर्द, मल में अपच वाले खाद्य पदार्थ। **नैट्रम फॉस 3x** की तीन मात्रा दें।

वंशानुगत रोग के कारण खारिश दोष वाली प्रकृति के बच्चे, तलपेट फूला हुआ पेट में वायु की गड़गड़ाहट। मल पानी जैसा, पीला तेजी से निकले। सवेरे हिलने डुलने से दस्त होना। **नैट्रम सल्फ 3x** की तीन मात्रा दें।

शरीर सूखा लेकिन सिर बड़ा, बच्चे को सहज में पसीना आता है वह चिड़चिड़े स्वभाव वाला और जल्दी घबराने वाला, चेहरा धँसा हुआ, जिसके कारण क्षय रोग से पीड़ित दिखाई देता है। माता के दूध से घृणा और अगर पी लेता है तो कै हो जाती है। मल बदबूदार व पानी की तरह, ऋतु परिवर्तन के कारण अत्यन्त शिथिलता। **साइलीशिया 12x** की तीन मात्रा दें।

सिर की सीवन खुली होने पर। **कैल्के फॉस 3x** तीन बार दें।

बच्चों के पक्षाघात में। **काली फॉस 30x** दिन में दो बार दें।

बच्चा चलना व बोलना देर से सीखे। **कैल्केरिया फॉस 3x, नैट्रम म्यूर 3x** का मिश्रण बराबर मात्रा में गोलियाँ मिलाकर बनायें उसकी दो मात्रा दें।

बच्चा जिद्दी हो तो। **मैगफॉस 3x** दिन में चार बार गरम पानी में दें।

बच्चे में लिंग की खाल का इधर-उधर न होना (फीमोसिस)। **नैट्रंम म्यूर 3x** की तीन मात्रा दें।

बच्चों का पक्षाघात। **काली फॉस 200x** दिन में एक बार और आराम न आने पर। **काली सल्फ 3x** और **मैगफॉस 3x** के मिश्रण की दो मात्रा दें।

बच्चों की मांसपेशियों का सूखना। **काली फॉस 3x** की दो मात्रा प्रतिदिन दो से तीन हफ्ते तक दें।

बच्चों में बैरी-बैरी रोग। **कैल्के फॉस 3x** या **12x, कैली फॉस 3x, नैट्रम फॉस 3x** और **नैट्रम सल्फ 3x** चारों का मिश्रण बनाकर दिन में तीन बार दें।

बच्चों का सूखना (मेरेसमस)। **कैल्केरिया फॉस 3x** दिन में चार बार दें।

बच्चों में सुखण्डी की बीमारी। **कैल्केरिया फॉस 3x** दिन में तीन बार और **बैराइटा म्यूर 200x** की एक मात्रा हर पन्द्रहवें दिन दें।

नवजात शिशु में रक्त स्वल्पता जिसका कारण कुपोषण हो, शिशु कमजोर व पतला। **साइलीशिया 12x** की दो मात्रा दें। इस दवा के साथ-साथ **कैल्केरिया फॉस 6x** की एक मात्रा देने से जल्दी आराम मिलता है।

बच्चे का पेट फूलना व दर्द होने पर, **मेग फास 6x** की दो मात्रा दें। (गरम पानी में 2 गोलियाँ डालकर दें)।

●●●

[illegible]